手绘揭秘通信电路和传感器电路

[美] 弗雷斯特·M. 米姆斯三世(Forrest M. Mims III) 著

侯立刚 译

机械工业出版社
CHINA MACHINE PRESS

　　本书以工程师手绘笔记的形式描绘了一个生动、有趣的电子技术世界，书中先对通信电路进行了介绍，之后带领读者学习了重要的传感器，诸如太阳电池、光敏电阻、热敏电阻、霍尔元件和磁控开关等，最后用传感器搭建了电路，实现了工程应用。这些电路和工程能够对热、压力、光、触碰、水、拉力、闪电和磁体做出响应。

　　本书适合电子技术入门人员、青少年、职业院校师生，以及电子技术爱好者阅读。

欢迎来到Forrest的学霸笔记世界

本书的作者 Forrest M. Mims III 先生是一位高产的作家、教师，迄今为止写了 69 本书，在《Nature》《Science》等知名杂志上累计发表了 1000 多篇文章，内容涉及科学、激光、计算机、电子等多个领域。他设计制作的设备被 NASA（美国国家航空航天局）用于太空中对大气污染的监测，并因相关研究获得杰出劳力士奖（Rolex Award）。令我震惊的不仅仅是 Forrest 先生的"产量"，而是他的书的特色：有意思，容易懂！ 书中真正深入浅出地用简单的笔记、手绘图的形式将诸多电路、传感器说得明明白白，引人入胜。

如果你还记得考试前努力借来的学霸同学的笔记，那么比那位学霸记录得更清楚、更明白、更全面的电子课笔记就在这里了。关键是还有图！ 手绘的图！ 很难弄明白 Forrest 先生怎么学得这么透彻，但看超级学霸的笔记会比看普通的教材容易得多，也有意思得多。

本书为你把各种基本功能电路（非常全）记（画）下来了，包括各种通信电路、扬声器电路、振荡器电路、频率计电路、声音传感器电路、感光电路等你能想到的各种电路。通过学习，以后你就不会再对这些电路感到莫名的恐惧了，因为懂了！ 祝学习愉快！

作为一名教师，非常荣幸能有机会将本书翻译给同样幸运的读者。在感谢 Forrest 先生杰出工作的同时，也必须感谢机械工业出版社慧眼拾珍，为我们大家引荐了本书。

本书翻译得以完成，还要感谢叶彤旸、王海强、郭嘉、江南、吕昂等的协助和共同努力。在翻译的过程中，也得到了同事和家人的大力支持，在此一并感谢！

由于本书内容丰富，涉及大量相似和相近的元器件、电路，尽管译者一直认真仔细求证，但难免还会存在错误疏漏，恳请广大读者批评指正。

译者联系方式：houligang@bjut.edu.cn。

侯立刚

2019 年 1 月

content

目　录

欢迎来到 Forrest 的学霸笔记世界

2 传感器工程 ………………………………… 49

3 磁传感器工程

4　太阳电池工程 …………………………………… 146

1

通信工程

历史上的里程碑

1836 年，赛缪尔·摩尔斯发明电报。

1876 年，亚历山大·格雷厄姆·贝尔发明电话。

1880 年，亚历山大·格雷厄姆·贝尔发明光线电话。

1880 年，光线电话将声音传送了 231m。

1886 年，海因里希·赫兹发明了电火花发射器。

1895 年，古列尔莫·马可尼发明了无线电报。

1897 年，尼古拉·特斯拉将无线电信号传输了 20mile。

1899 年，马可尼发送的"…"无线电信号横跨了大西洋。

1907 年，李·德·福雷斯特发明了真空三极管。

1907 年，朗德发现了发光二极管。

1923 年，罗瑟夫发明了晶体放大器。

1925 年，利林菲尔德发明场效应放大器。

1947 年，贝尔实验室发明了晶体管。

1960 年，梅曼开发了第一套红宝石激光器。

1962 年，通用电气公司联合麻省理工学院和 IBM 公司发明了半导体激光器.

1966 年,高锟提出了长距离光纤通信理论.

1.1 概述

电子通信是通过有线或光纤或无线方式(如无线电,电视,微波或光波)传输信息.

有很多类别的电子通信.例如,语音通信可以是无线电或电视新闻广播中的单向通信,或者是通过电话,对讲机以及业余和民用波段无线电的双向通信.非语音通信的例子包括莫尔斯电码,电传打字机信号,计算机数据传输和野生动物遥测.无线电控制是一种通信形式,其中传输的是诸如照相机,车库门,模型船或飞机等.

1.2 电路组装技巧

随后的电路可以由现成的成品组装而成.如果指定的元器件不可用,通常可以用相似的元器件替代.例如,一个 25000(50k)Ω电位器可以代替 10000(10k)Ω单元.务必绕过运算放大器和功率放大器的电源引脚(使用连接在电源引脚附近的 0.1μF 电容器将其接地),这将有助于防止不必要的振荡.欲了解更多信息,请参阅本丛书的其他分册.

1.3   有线通信链路

通信链路是通过有线、电缆或波导连接两个或更多个站的链路。

其优点有可靠性高、噪声低、电子设备简单，但连接线路需要授权且安装费用昂贵，而且只有互连的站才能通信。

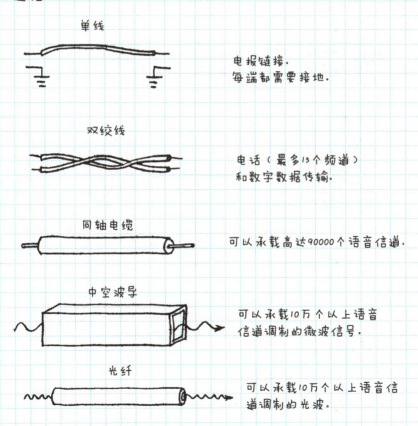

单线

电报链接。
每端都需要接地。

双绞线

电话（最多15个频道）
和数字数据传输。

同轴电缆

可以承载高达90000个语音信道。

中空波导

可以承载10万个以上语音
信道调制的微波信号。

光纤

可以承载10万个以上语音信
道调制的光波。

1.4 无线通信链路

无线通信链路是通过调制电磁波将信息发送到一个或多个接收机的链路.

其优点是长距离通信,可陆地.航空和航天运载工具之间的传输,以及定向和非定向传输.但其易受干扰噪声的干扰.

无线电

广播和短波广播,还有业余无线电.
民用波段.手机等.

甚高频

电视和FM收音机.还有飞机.
业余无线电.手机.太空无线电等.

超高频

天气气球.电视.手机.导航.
业余卫星.深空无线电等.

微波

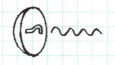

通信卫星、长途电话、导航、
业余无线电等。

光波

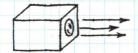

实现计算机数据传输和语音链接。

1.5 电磁辐射

电磁辐射是振荡电场和磁场波形式的能量。波以 2.998×10^8 m/s (186284 mile⊖/s) 的速度穿过真空。电磁波的波长决定了它的性质。X射线、红外线、微波、无线电波和光线都是电磁辐射。

电磁频谱

nm = 纳米 (1nm = 0.000000001m)

μm = 微米 (1μm = 0.000001m)

mm = 毫米 (1mm = 0.001m)

m = 米 (1m = 39.37in)

km = 千米 (1km = 1000m)

⊖ 1mile = 1609.344m,后同。

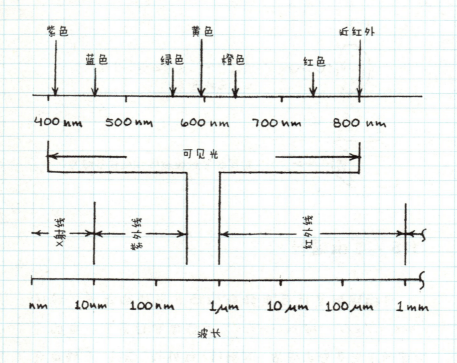

频率与波长

电磁波的频率是 1s 内产生的周期数.

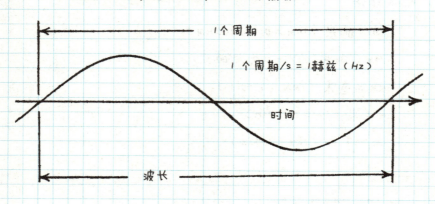

如果波的频率或长度是已知的，则可以计算另一个未知值：

$$频率（Hz）= C/波长（\lambda）$$

$$波长（\lambda）= C/频率（Hz）$$

$$C = 3 \times 10^8 m/s$$

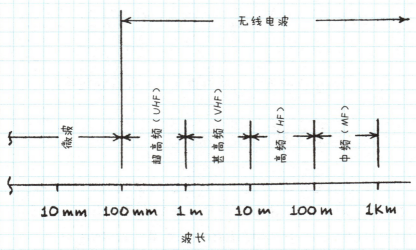

波长

1.6　国际摩尔斯电码

1836 年，塞缪尔 F. B. 摩尔斯（Samuel F. B. Morse）建立了第一个可工作电报。他还设计了一个允许电报操作员交换信息的代码。电报、无线电和信号灯操作员至今仍然使用这些代码。具体如下

A	·—	N	—·	1	·————	
B	—···	O	———	2	··———	
C	—·—·	P	·——·	3	···——	
D	—··	Q	——·—	4	····—	
E	·	R	·—·	5	·····	
F	··—·	S	···	6	—····	
G	——·	T	—	7	——···	
H	····	U	··—	8	———··	
I	··	V	···—	9	————·	
J	·———	W	·——	0	—————	
K	—·—	X	—··—	?	··——··	
L	·—··	Y	—·——			
M	——	Z	——··			

该代码包括许多额外的标点符号、短语和缩写。

1.7 学习电码

把电码看作是声音，而不是点和破折号。用 "dit" 表示点，用 "dah" 表示破折号。因此 A 是 "dit dah" 或简称 "didah"。B 是 "dahdididit"。C 是 "dahdidahdit"。一个代码练习的振荡器可以帮助你学习电码。由美国无线电站联盟（ARRL）在纽因顿（ct 06111）提供的《无线电世界之声》内置的盒式磁带效果更好。接下来提供的配套电路是对业余无线电世界的一个很好的介绍，涵盖了电气理论、设备、天线等。

1.8 电码练习振荡器

无线电发射器传输无线电码所需的功率比传输声音

所需要的功率要低. 而且, 当信号非常微弱或大气干扰很
严重以至于无法理解语音信号时, 无线电码仍能被分辨
出来. 接下来的这些振荡器会帮助你学习电码.

压电蜂鸣器振荡器

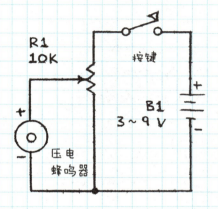

按键——使用电报键获得最
佳效果. 可以临时使用按钮.

R1——控制音量.

压电蜂鸣器——最好使用低频,
声音稳定的.

集成电路振荡器

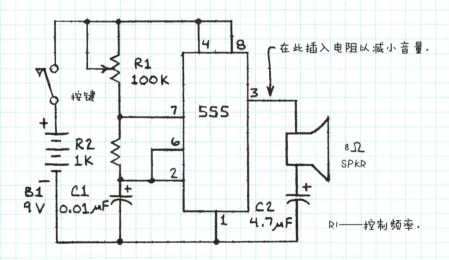

在此插入电阻以减小音量.

R1——控制频率.

9

1.9   电磁电报

有很多制作简单电报的方法. 例如, 上一节中的电码练习振荡器可用于固态电报系统. 这里给出了一个自制电磁电报的部分组件. 你可以根据本节内容在几小时内自制电报.

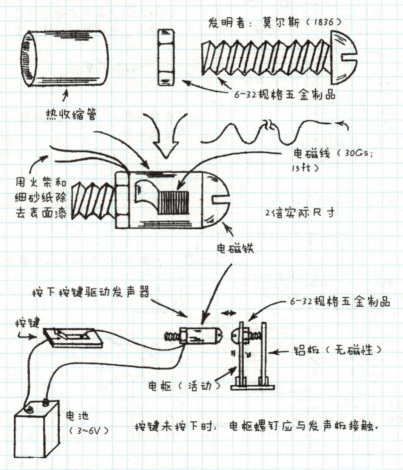

发明者：莫尔斯（1836）

6-32规格五金制品

热收缩管

电磁线（30Gs; 15ft）

用火柴和细砂纸除去表面漆

2倍实际尺寸

电磁铁

按下按键驱动发声器

6-32规格五金制品

按键

铝板（无磁性）

电枢（活动）

电池（3~6V）

按键未按下时, 电枢螺钉应与发声板接触.

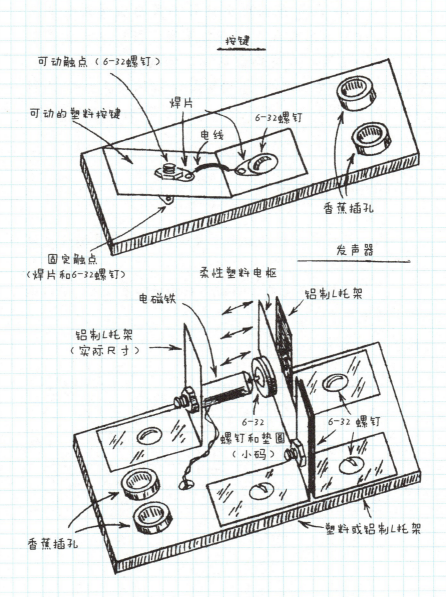

按键

可动触点（6-32螺钉）

可动的塑料按键

焊片

电线

6-32螺钉

香蕉插孔

固定触点
（焊片和6-32螺钉）

发声器

柔性塑料电枢

电磁铁

铝制L托架

铝制L托架
（实际尺寸）

6-32
螺钉和垫圈
（小码）

6-32 螺钉

香蕉插孔

塑料或铝制L托架

将按键、发声器和电池连接到装有香蕉插头的电线上。使用木头或者木板作为基座。可以从五金商店购买铝制支架或从爱好商店购买金属自己制作支架。塑料电枢可以从 1USgal[⊖] 牛奶容器上获取。点 = 按下/释放（点击/点击）。破折号 = 按/暂停/释放（点击/间隔/点击）。

1.10　固态电报

晶体管和集成电路的出现使得制作非常灵敏的电报系统成为可能。

注意：永远不要在室外输电线附近安装电报、对讲机或电话线。

简易的固态电报

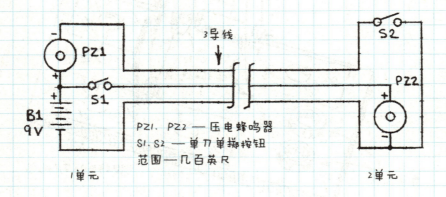

PZ1、PZ2 —— 压电蜂鸣器
S1、S2 —— 单刀单掷按钮
范围 —— 几百英尺

1单元　　　　　　　　　　　　　　2单元

⊖　1USgal = 3.78541dm³，后同。

单线或双线电报发送器

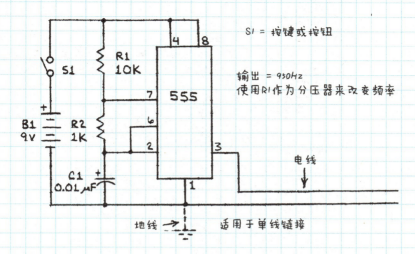

S1 = 按键或按钮

输出 = 930Hz
使用R1作为分压器来改变频率

地线 →   适用于单线链接

单线电报发声器

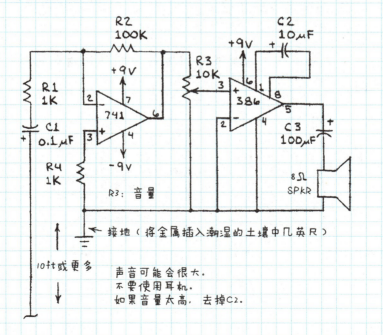

R3: 音量

← 接地（将金属插入潮湿的土壤中几英尺）

10ft或更多

声音可能会很大。
不要使用耳机。
如果音量太高，去掉C2。

双线电报发声器

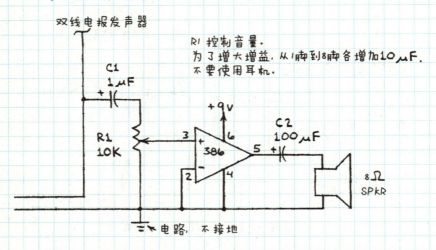

双线电报发声器

R1 控制音量.
为了增大增益, 从1脚到8脚各增加10μF.
不要使用耳机.

电路, 不接地

1.11   电报接收器

一个简易的电报接收器很容易用现成的材料制成, 见下图.

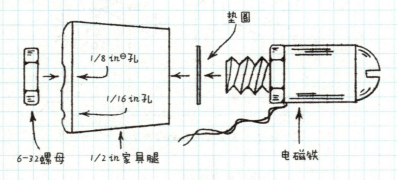

1/8 in 孔

1/16 in 孔

垫圈

6-32螺母   1/2in家具腿

电磁铁

⊖ 1in = 0.0254m.

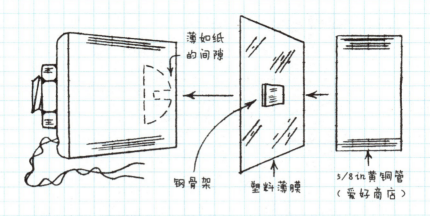

薄如纸
的间隙

钢骨架

塑料薄膜

5/8in黄铜管
（爱好商店）

电枢是3/16in正方形、1/32in厚的钢（废料或从整片上切下）。用双面胶带粘在塑料上。

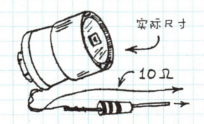

实际尺寸

10Ω

发明人：贝尔（Bell）（1876）

加10Ω的电阻。连接导线到电池供电的无线电发射插孔进行测试。由于线圈电阻仅为1.56Ω，因此体积将会很小。

1.12　按键通话对讲机

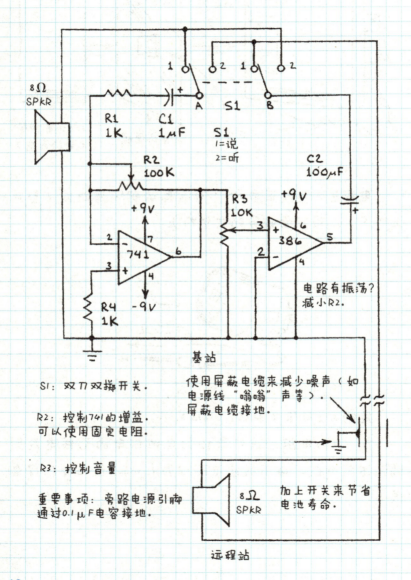

S1：双刀双掷开关。

R2：控制741的增益，可以使用固定电阻。

R3：控制音量

重要事项：旁路电源引脚通过0.1μF电容接地。

基站

使用屏蔽电缆来减少噪声（如电源线"嗡嗡"声等）。屏蔽电缆接地。

加上开关来节省电池寿命。

远程站

1.13 光波通信

1880 年，亚历山大·格雷厄姆·贝尔发明了电话，一种在阳光下发出声音的装置。

1880 年，贝尔和塞姆纳·泰恩特发送的语音信息距离超过了 213m。

1966 年，高锟提出了长距离光纤通信。

1.13.1 调制

光波可以传输数字数据或语音等模拟信息。下面显示的是一些模拟调制光波的方法。

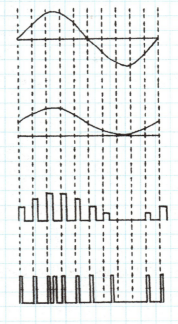

模拟信号

典型的模拟信号
（温度·音调等）

振幅

模拟信号控制光的强度。

脉冲幅度

模拟信号控制脉冲的强度。

脉冲频率

模拟信号控制脉冲的频率。

1.13.2 光源

光波通信系统中可以使用很多光源. 其中最容易使用的如下

1. 阳光: 应用于最早一批光波通信器, 至今仍较易使用.

2. 白炽灯: 小灯丝的灯可以进行语音调制. 不适合高频信号.

3. 发光二极管 (LED): 理想的光源. 可发出可见和不可见波长的光. 可以高频调制.

1.13.3 光探测器

用于光波通信链路的探测器通常是固态器件. 其中最常用的如下:

1. 太阳电池：价格便宜，易于使用，灵敏度峰值波长约为 880nm，可在 450 ~ 1100nm 之间使用。

2. 光敏晶体管：太阳电池有相同的光谱响应，比太阳电池响应更快、更灵敏。外部透镜对提高性能有帮助。

3. LED：一个 LED 可以检测到另一个相似 LED 的辐射。红光和近红外光 LED 探测效果更好。

1.13.4　光波系统

调制后的光波可以通过空气（自由空间）或超清晰的光纤传输。

链接	优点	缺点
自由空间	1. 无需许可 2. 秘密 3. 防堵塞	1. 很难对齐 2. 能被看到 3. 雨雾天无法使用
光纤	1. 低噪声 2. 防雷 3. 安全	1. 安装困难 2. 花费更高 3. 拼接困难

1.13.5 自由空间链接

短程系统（0～10ft[⊖]）非常容易设计和对齐. 更远的距离通常需要外部镜头和三脚架.

对齐方法包括:

1. 反射镜: 使用红色 LED 并将自行车反射镜放置在接收器旁边. 发射器指向反射镜.

2. 望远镜: 在发射器上安装一个小型瞄准望远镜.

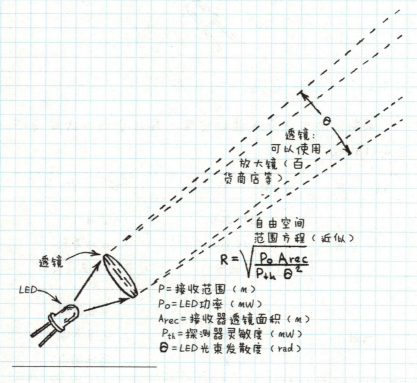

透镜:
可以使用
放大镜（百货商店等）

自由空间
范围方程（近似）

$$R = \sqrt{\frac{P_o \, A_{rec}}{P_{th} \, \Theta^2}}$$

透镜

LED

P = 接收范围（m）
P_o = LED功率（mW）
A_{rec} = 接收器透镜面积（m）
P_{th} = 探测器灵敏度（mW）
Θ = LED光束发散度（rad）

⊖ 1ft = 0.3048m, 后同.

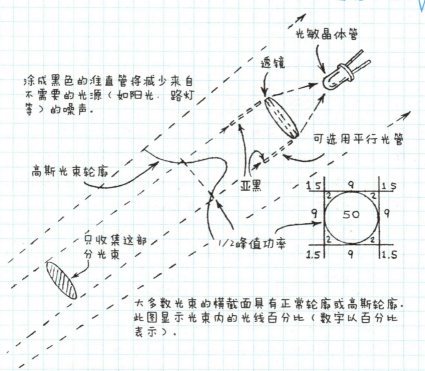

涂成黑色的准直管将减少来自不需要的光源（如阳光、路灯等）的噪声。

光敏晶体管

透镜

可选用平行光管

高斯光束轮廓

亚黑

只收集这部分光束

1/2峰值功率

1.5	9	9	2	1.5
9		50		9
9	2		2	9
1.5	9	9	1.5

大多数光束的横截面具有正常轮廓或高斯轮廓。此图显示光束内的光线百分比（数字以百分比表示）。

1.13.6 光纤链接

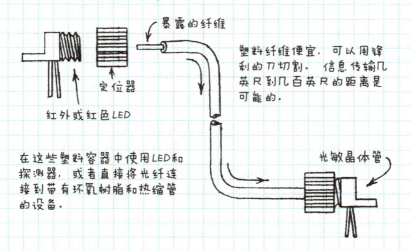

暴露的纤维

定位器

红外或红色 LED

塑料纤维便宜，可以用锋利的刀切割。信息传输几英尺到几百英尺的距离是可能的。

光敏晶体管

在这些塑料容器中使用 LED 和探测器，或者直接将光纤连接到带有环氧树脂和热缩管的设备。

1.13.7 电子光影电话

1880 年当发明了光子电话之后, 亚历山大·格雷厄姆·贝尔又发明了电子光影电话. 在非电子光影电话中, 一束阳光通过声压直接调制在柔性反射镜或可移动光栅上. 在电子光影电话中, 阳光被安装在电话接收器上的反射镜调制. 这里显示的是电子光影电话的现代版本.

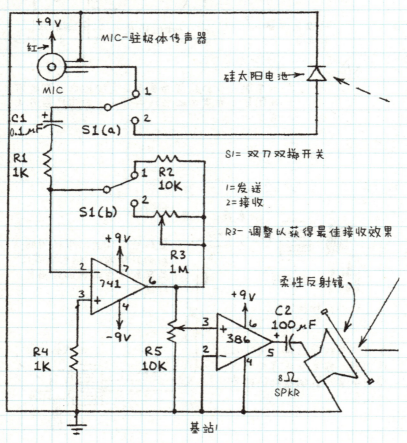

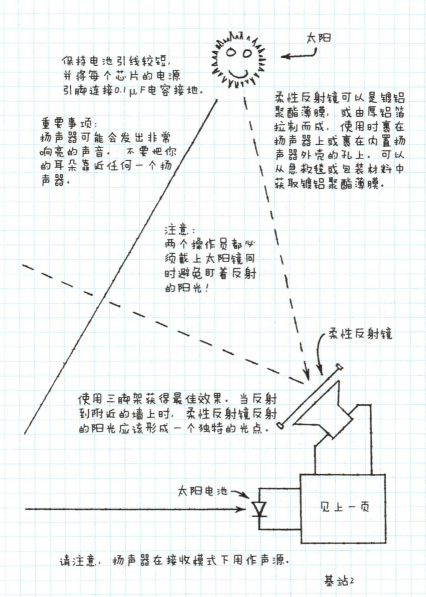

太阳

保持电池引线较短，
并将每个芯片的电源
引脚连接0.1μF电容接地。

柔性反射镜可以是镀铝
聚酯薄膜，或由厚铝箔
拉制而成。使用时裹在
扬声器上或裹在内置扬
声器外壳的孔上。可以
从急救毯或包装材料中
获取镀铝聚酯薄膜。

重要事项：
扬声器可能会发出非常
响亮的声音。不要把你
的耳朵靠近任何一个扬
声器。

注意：
两个操作员都必
须戴上太阳镜同
时避免盯着反射
的阳光！

柔性反射镜

使用三脚架获得最佳效果。当反射
到附近的墙上时，柔性反射镜反射
的阳光应该形成一个独特的光点。

太阳电池

见上一页

请注意，扬声器在接收模式下用作声源。

基站2

1.13.8 光波码发射器

简易的电码通信器可以用来发送消息、警告信号等.

手电筒系统

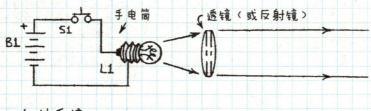

红外系统

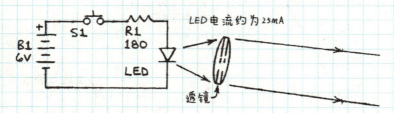

脉冲调制系统

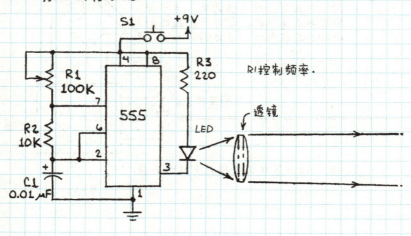

1.13.9 光波码接收器

这些接收器必须远离外部光源。前两个是光激活发音器。

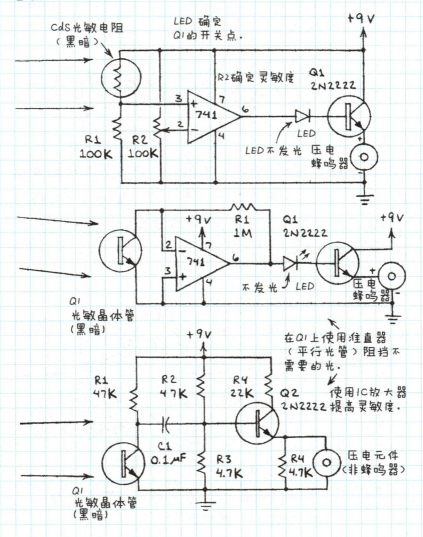

1. 13. 10 手电筒声音发射器

这些简易的调幅（AM）系统表明，白炽灯可以进行语音调制.

基本的语音发射器

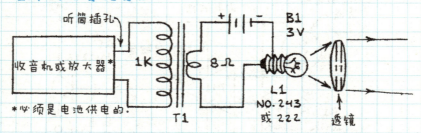

听筒插孔

收音机或放大器*

*必须是电池供电的.

1K

8Ω

+ B1 3V −

T1

L1
NO.243
或 222

透镜

T1 是微型 1kΩ : 8Ω输出变压器. 因为大多数的电话插座都是 8Ω，所以两个背靠背变压器一起使用可以获得更好的效果. 然后将一个 8Ω绕组连接到收音机或放大器，另一个连接到灯泡和电池.

更好的语音发射器

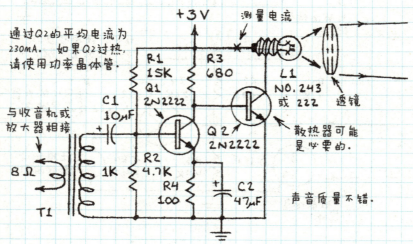

通过Q2的平均电流为 230mA. 如果Q2过热，请使用功率晶体管.

与收音机或放大器相接

8Ω

T1

C1
10μF

R1
15K

Q1
2N2222

R2
4.7K

R4
100

+3V

R3
680

Q2
2N2222

C2
47μF

测量电流

L1
NO.243
或 222

透镜

散热器可能是必要的.

声音质量不错.

1.13.11 通用接收器

这些简单的接收器可以接收任何调幅（AM）光波信号.

基本的语音接收器

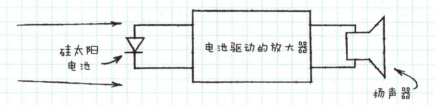

晶体管语音接收器

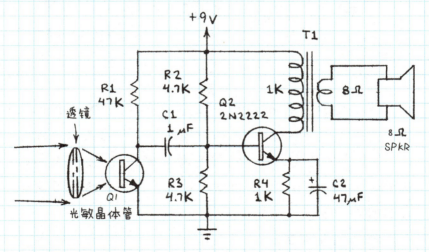

可以去除 Q1、R1 和 C1，并且可以在 Q2 的基极（电池负极）和地（电池负极）之间连接太阳电池.

为了增大音量，可以参阅使用第 25 页所讲的接收器.

1.13.12 调幅（AM）光波发射器

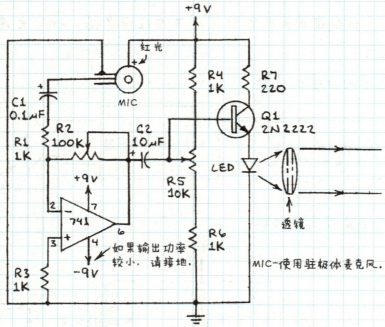

　　这个发射器将把你的声音发送到下一页上的接收器。在晚上使用透镜时，工作范围可能有几百英尺。红外 LED 将会产生最佳效果。特别是使用光纤时，高亮度的红色 LED 也可以工作，在自由空间模式下使用三脚架可获得最佳效果。透镜可以是放大镜。

　　R2 可控制增益。

　　R5 可进行 LED 偏置控制。调节 R5 以在接收器上获得最佳的音质。

　　R7 用于限制施加到 LED 的电流。

　　注意：应保持较短的电池引线。

1.13.13 调幅（AM）光波接收器

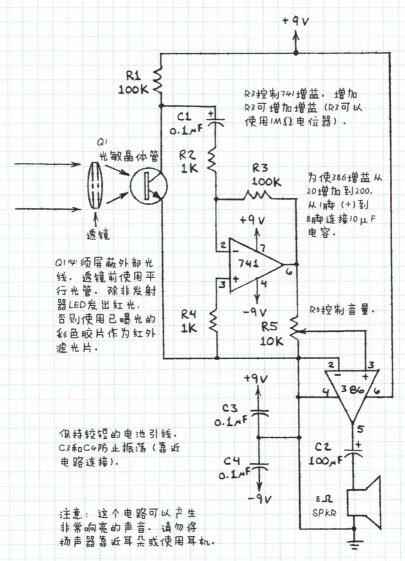

+9V

R1
100K

C1
0.1μF

R3控制741增益. 增加
R3可增加增益（R3可以
使用1MΩ电位器）.

Q1
光敏晶体管

R2
1K

R3
100K

+9V

为使386增益从
20增加到200,
从1脚（+）到
8脚连接10μF
电容.

透镜

2 7
741
3 + 4 6

-9V

R5控制音量.

Q1必须屏蔽外部光
线. 透镜前使用平
行光管. 除非发射
器LED发出红光,
否则使用已曝光的
彩色胶片作为红外
滤光片.

R4
1K

R5
10K

2   3
386
4   6

保持较短的电池引线.
C3和C4防止振荡（靠近
电路连接）.

+9V

C3
0.1μF

5

C2
100μF

C4
0.1μF

-9V

8Ω
SPKR

注意：这个电路可以产生
非常响亮的声音. 请勿将
扬声器靠近耳朵或使用耳机.

1.13.14 脉冲频率调制（PFM）光波发射器

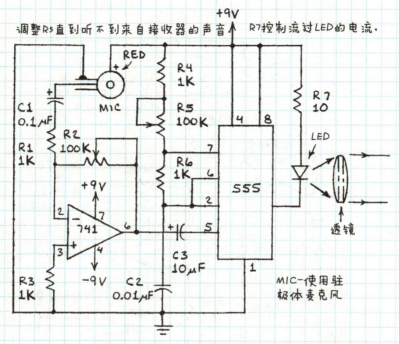

调整R5直到听不到来自接收器的声音. R7控制流过LED的电流.

发射器：R2 控制 741 麦克风放大器的增益. 555 产生具有由 R5 控制的重复率的稳定脉冲流. 施加到 555 上 5 脚的音频信号调制脉冲率. 使用超高亮红色或红外 LED. 保持电池引线较短. PFM 提供统一的接收器音量.

接收器：Q1 接收来自 LED 的脉冲. 脉冲由第一个 741 放大. 第二个 741 作为一个比较器接入电路, 当输入脉冲超过由 R4 设定的参考电压时, 它提供一个输出脉冲. 脉冲由 R5 和 C3 低通滤波并由 386 放大. 调整发射器的 R5 和接收器的 R4 以获得最佳的音质.

1.13.15 脉冲频率调制（PFM）光波接收器

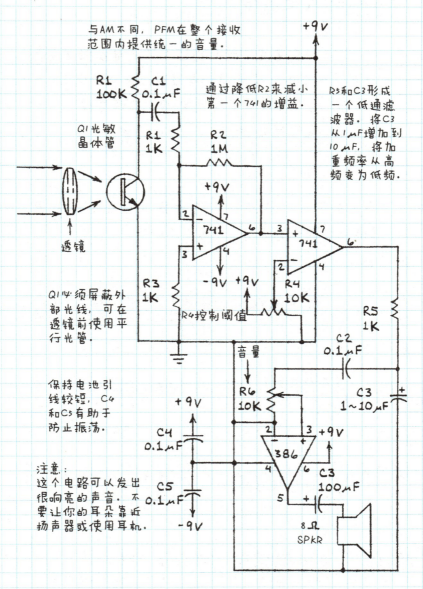

与AM不同，PFM在整个接收范围内提供统一的音量.

+9V

R1
100K

C1
0.1μF

通过降低R2来减小第一个741的增益.

R5和C3形成一个低通滤波器. 将C3从1μF增加到10μF, 将加重频率从高频变为低频.

Q1光敏晶体管

R1
1K

R2
1M

+9V

2   7

741

6   3 +   7

741

6

3   +   4

-9V +9V

R4控制阈值

透镜

R3
1K

R4
10K

R5
1K

Q1必须屏蔽外部光线, 可在透镜前使用平行光管.

音量

C2
0.1μF

R6
10K

C3
1~10μF

保持电池引线较短, C4和C5有助于防止振荡.

+9V

C4
0.1μF

2

386

3 +9V

4   6   C3
100μF

注意:
这个电路可以发出很响亮的声音. 不要让你的耳朵靠近扬声器或使用耳机.

C5
0.1μF

-9V

5 +

8Ω
SPKR

1.14　无线电通信

　　1886 年，海因里希·赫兹通过火花放电发射电波至一个电线圈。一个小火花出现在电线圈的一个缺口上。

　　1895 年，古列尔莫·马可尼发明了无线电报。

　　1899 年，马可尼发送"..."横跨了大西洋。

1.14.1　调制

　　当纯射频波（载波）与诸如声音之类的信号混合时，该波被称为调制波。

阻尼波（火花间隙）

可以用来当电码，但它是不合法的，因为会发出很多不同波长的电波。

载波

纯粹的，未经调制的射频波，不包含信号。

调幅

恒定频率；振幅随输入信号变化（如声音等）。

调频

恒定振幅；频率随输入信号（声音等）而变化。提供无噪声接收。

1.14.2 业余无线电

无线电通信总能吸引成千上万热心业余无线电爱好者。他们中有第一个发现短波可以实现全球通信的人。他们在自然灾害和紧急情况下提供通信。他们在城市和世界各地的中途与其他业余爱好者交流。

无线电爱好者或业余无线电报务员由美国联邦政府授权并指定呼叫信号。业余无线电报务员必须通过笔试。

1.14.3 民用波段无线电

民用波段位于27MHz附近的40个信道。这些信道用于个人和企业的双向通信。一个信道（9）被保留用于紧急通信。虽然不需要许可证，但是民用波段（CB）运营商比业余无线电运营商具有更少的特权。例如，最大发射功率被限制为4W。

1.14.4 美国联邦通信委员会

美国联邦通信委员会（FCC）管理美国的无线电通信。违反FCC规定可能导致严重的处罚。

1.14.5 二极管接收器基础

射频（RF）电磁波会在有线天线的电流中引起波动。

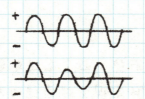

音频调制射频信号产生的电流.

语音调制射频信号产生的电流.

通过二极管消除波的正或负半波, 可以将波动电流转化为声音.

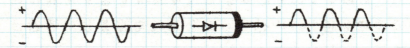

这个信号现在被认为是可以纠正的. 当输出被监测时, 波的两半不会互相抵消. 因此, 音频信号叠加在射频信号上可以从一个小的耳机连接到二极管听到.

1.14.6 简易射频调谐线圈

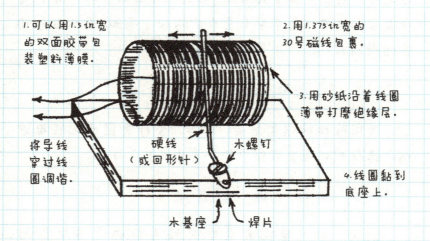

1. 可以用1.5 in宽的双面胶带包装塑料薄膜.

2. 用1.375 in宽的30号磁线包裹.

3. 用砂纸沿着线圈薄带打磨绝缘层.

将导线穿过线圈调谐.

硬线 (或回形针)

木螺钉

4. 线圈黏到底座上.

木基座   焊片

1.14.7　简易二极管接收器

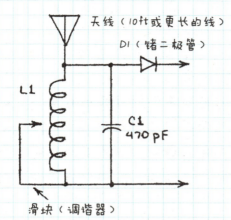

天线（10ft或更长的线）

D1（锗二极管）

L1

C1
470pF

滑块（调谐器）

输出至：
1. 晶体听筒（最好）或
通过1kΩ：8Ω变压器的
8Ω磁性听筒.

2. 音频放大器.
请勿使用听筒.

L1 为上一页的线圈. 调谐是敏感的. 有些电台的频率会与线圈的频率一致.

1.14.8　放大器与接收器

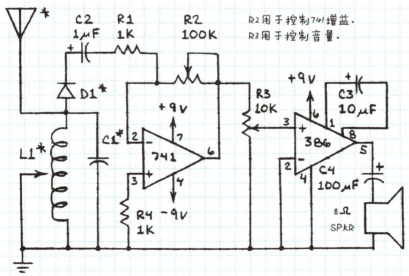

C2
1μF

R1
1K

R2
100K

R2用于控制741增益.
R3用于控制音量.

D1*

+9V

R3
10K

+9V

C3
10μF

L1*

C1*

741

386

C4
100μF

R4
1K

-9V

8Ω
SPKR

通过调整 L1 上的滑块来调谐。当滑块被移动时，可能会出现大声的爆音。音量可能非常大。注意：不要使用耳机。

1.14.9 收听短波

很少有兴趣爱好像短波聆听那样有回报或智力上的刺激。但很多人从来没有用短波收音机收听过。即使是非常便宜的短波收音机也能接收来自世界各地数百个电台的广播。它们中许多都是英语的。短波广播可以分为三大类：

国际广播。这些来自私人和政府的电台，旨在服务广泛的受众。通常用英语编排节目，包括新闻、天气、采访、戏剧和听众邮件。

个人通信。这个类别包括业余和民用无线电波段。

公用事业。几乎所有以上未列出的广播都可以被视为公用事业。其中包括时间信号、计算机传输、天气报告、卫星信号以及各种工业和政府传输。包括来往于船舶、飞机、出租车和商用车辆的通信。还包括来自间谍、无线电控制、跟踪、监视、遥测、气象气球和海洋浮标发射器的传输。

这些传输中的许多以广播频带和 30MHz 之间的频率进行广播。下面介绍的简单接收器可以接收 1～6 MHz 的信号。在晚上，这台收音机可接收到来自亚洲、欧洲、南美洲和北美洲的信号。天线是一个 14ft 的室内电线。

1.14.10 短波接收器

这个简易的接收器可以在面包板上组装。虽然这个接收器不能像商业接收器一样分离电台，但它具有惊人的灵敏性，可以接收来自世界各地的电台。

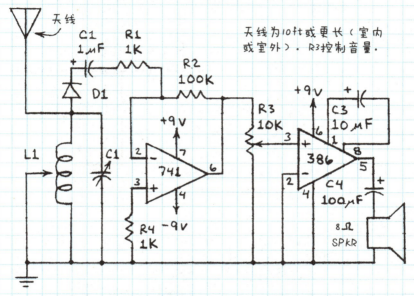

L1 是 25～50 匝包围塑料薄膜的 30 号磁线，可以在第 30 页看到调谐线圈组件的详细信息。

C1 是来自废弃无线电的 10～365 pF 可变电容，或 10～40pF 左右的晶体振荡器调谐电容。

通过设置 L1 滑动端到任意位置和调整 C1 来调整频率。将 L1 的滑块位置更改为不同的频率范围。

注意：音量可能非常大，特别是当 L1 的滑动端从 L1 移开并且本地电台很多时。同时注意：不要用耳机！

1.14.11 天线

　　无线电发射器和接收器的性能非常依赖于它们的天线. 最简单的天线是其长度等于或者是接收信号波长的 1/4 或者 1/2 的导线或杆子. 三种常见的导线天线如下:

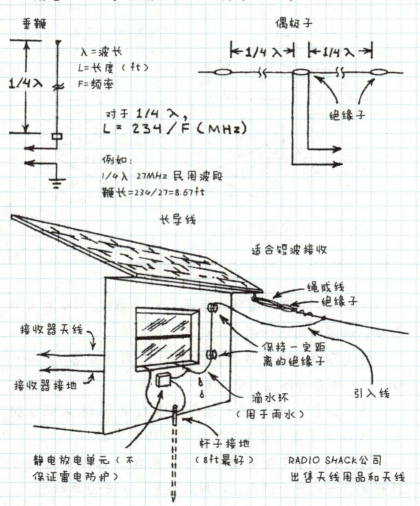

垂鞭

λ=波长
L=长度（ft）
F=频率

对于 1/4 λ,
L = 234 / F（MHz）

例如:
1/4λ 27MHz 民用波段
鞭长=234/27=8.67ft

偶极子

|←1/4 λ→| |←1/4 λ→|

绝缘子

长导线

适合短波接收

绳或线
绝缘子

接收器天线

保持一定距离的绝缘子

接收器接地

滴水环
（用于雨水）

引入线

静电放电单元（不保证雷电防护）

杆子接地
（8ft最好）

RADIO SHACK公司
出售天线用品和天线

1.14.12 天线安全

安装天线需要注意安全。粗心大意会导致严重的伤害或致命的电击。你必须做到以下几点：

1. 切勿在电源线附近安装天线的任何部分。

2. 切勿接触触碰到电源线的天线的任何部分。

3. 在雷暴时断开并停止使用天线。

4. 将室外天线与一个好的静电放电单元相接。

5. 阅读商业天线提供商给出的天线安全提示和《AR-RL 天线手册》。

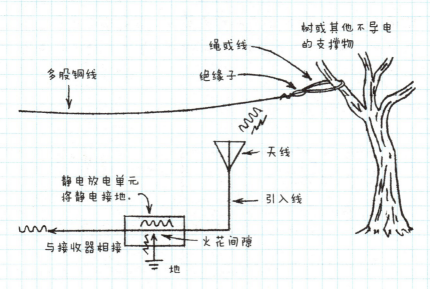

1.14.13 基本的无线电发射器

当电流迅速通断时会产生射频（RF）波，这就是为什么无线电接收器在雷电放电期间发出一阵静电爆声，或者当附近的电器被接通时会发出爆声。

宽带射频发射器

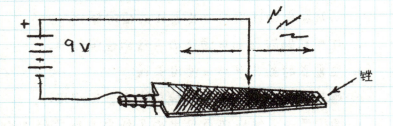

将电源阴极导线缠在锉把上，阳极导线接触锉面或在锉面上左右滑动时，一旁的扬声器会发出尖锐的爆声。因为产生了多个不同的波长，所以信号在整个广播带宽中是一样强的。

宽带脉冲发射器

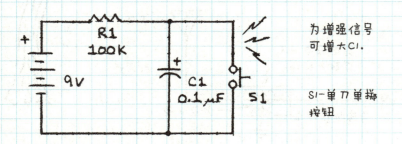

当 S1 被按下时，附近的收音机将听到一个明显的爆裂声。该电路避免了电池两端的直接短路。相反，C1 通过 R1 充电后被 S1 短路。

窄带射频发射器

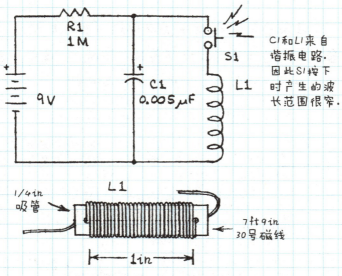

C1和L1来自谐振电路. 因此S1按下时产生的波长范围很窄.

当 C1 = 0.005μF 时, 信号峰值为 550kHz.

可调谐射频发射器

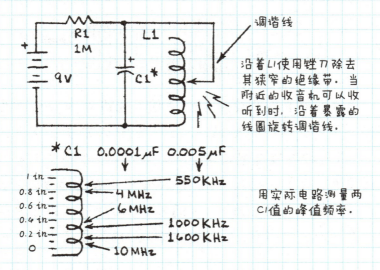

调谐线

沿着L1使用锉刀除去其狭窄的绝缘带. 当附近的收音机可以收听到时, 沿着暴露的线圈旋转调谐线.

用实际电路测量两C1值的峰值频率.

1.14.14　晶体管射频发射器

　　一个晶体管可以作为一个可提供一系列射频脉冲的振荡器连接。基本哈特莱振荡器如下图所示，该振荡器可将射频脉冲或广播频段无线电发送几英尺远。

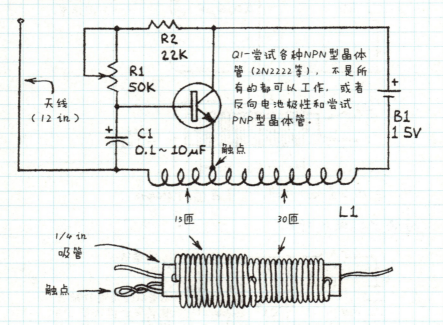

　　L1 是一个自制的空心射频线圈。使用 30 号包线或电磁线（用较小线圈的电磁线，用火柴将 L1 末端的清漆烧掉，然后用砂纸轻轻擦掉清漆）。卷绕前，在吸管上打孔（线圈右上角）。插入 2in 的导线通孔并缠绕 30 圈，穿出第二个小孔（线圈左端），并插入 2in 的线圈（触点）通孔。第一次绕回 15 圈，穿过绕线穿孔，插入导线末端。如果使用包线，则应切断抽头环，并拧开裸露的电线。

C1：使用0.1μF传输音频音调。使用10μF传输一连串的斑点。使用微型电解电容。

R1：改变R1的设置来改变振荡频率。

B1：使用手电筒电池，或水银或氧化银纽扣电池。警告：永远不要尝试焊接微型电池！因为它们会爆炸。

电路操作

这个发射器发出一个射频信号，可以在广播和短波频谱的一个大范围内接收，特别是在16m波段以上。该信号也可以在88~108MHz的调频波段的低端被接收。

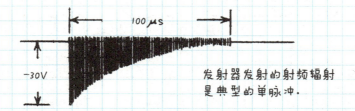

发射器发射的射频辐射
是典型的单脉冲。

每个发射的脉冲都包含有宽频谱射频振荡而不是纯粹的单频信号。注意L1的自耦变压器动作将输出从1.5V增加到-30V。

为了传输温度或光照强度，可用热敏电阻或CdS光敏电阻代替R1。利用C1的值，可给出每秒脉冲数的脉冲频率。在数字手表或计时器的帮助下，你可以计算脉冲的数量，例如每个输入条件都是10s。

1.14.15   电码发射器

该发射器将音调发送到
附近的调谐接近700kHz
广播波段. 传输距离是
几英尺.

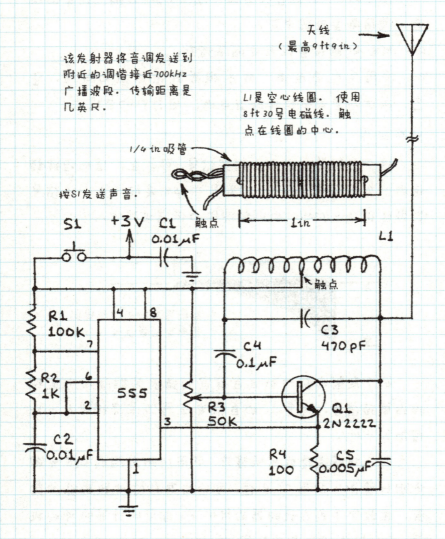

天线
(最高9ft9in)

L1是空心线圈. 使用
8ft 30号电磁线. 触
点在线圈的中心.

1/4 in 吸管

按S1发送声音.

触点

1in

L1

S1   +3V   C1   触点
            0.01μF

R1
100K

R2
1K

555

C2
0.01μF

4   8

7

6

2

3

1

C4
0.1μF

R3
50K

C3
470pF

触点

Q1
2N2222

R4
100

C5
0.005μF

    L1 在 8ft 的导线中心形成一个 1.5in 英寸的回路. 在
吸管上缠绕导线, 回路在吸管中心插入环孔.

射频输出的是 700kHz 附近的干净正弦波。调整 R3 可使音调清晰、响亮。打开收音机是必要的。在 L1 内插入小钢钉可以降低传输频率。在白天使用时频率范围最大。

1.14.16　语音发射器

该发射器的射频振荡器与上一页上的振荡器相似。请参阅 L1 组件。

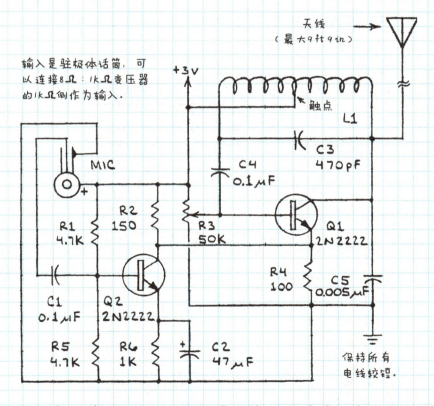

射频输出在 700kHz 附近是干净的正弦波。将麦克风靠近连接到录音机的耳机。然后调整附近的收音机接收

来自发射器的信号. 根据需要调整 R3 以获得最佳的音质. 移走录音机并对着麦克风说话.

　　本页和上一页上的发射器符合 FCC 在 47 CFR 中第 15.113 部分的要求, 当调整 R3 得到最清晰的输出信号时, B1 为 3V, 天线长度小于 3m.

1.14.17　自动音调发射器

　　该电路每隔 10s 将短暂的（1/4s）音调发送到距离几百英尺远的 FM 频段接收器.

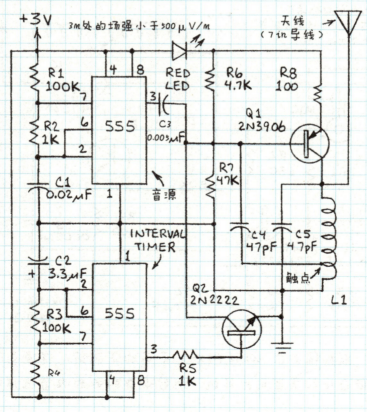

　　L1 由 5 匝裸露的坚固的连接线缠绕在直径 3/8in 的木制销子上制成．缠绕后拆下销钉．触点在 1.5 匝处焊接．

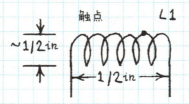

　　R4 为 3.9MΩ电阻或两个 2.2MΩ电阻串联．

电路操作

　　Q1 以 C5 和 L1 控制的频率振荡．数值显示其频率接近 100MHz．使用可变电容 C5 来改变频率．

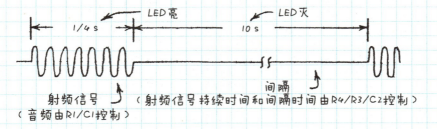

　　调整时，将 Q2 的集电极与 C3 断开，调节 FM 收音机的接收频率，直到收到稳定的音调．重新连接 Q2．除非正在进行调整，否则不要在连续音调模式下操作电路．将电路安装在铝盒中．将 L1 安全地安装到电路板上．如果 L1 移动或振动，频率将会改变．这两个 555 芯片可以是 CMOS/低功耗类型，但并不是所有的 CMOS 555 都可以在电路中工作．电路可用于寻呼、远程控制、跟踪、通知来访者等．电路传输光照水平或温度变化，用光敏电阻或热

47

敏电阻代替 R1。

FCC 特殊规则

　　FCC 要求："每个传输的持续时间不得大于 1s, 传输之间的静默期至少为传输持续时间的 30 倍, 但不得少于 10s。"（47CFR 15.122）用这里给出的 R3、R4 和 C2 的值, 该电路满足这个规则。

2

传感器工程

2.1 概述

电子传感器可以用来探测压力、热、光、磁场等物理量。传感器应用将是本书的内容之一。在本书中，你将学会制作一些传感器，许多的传感器和传感器系统可从电子商店中购得。

设计小提示

1. 本章会使用很常见的 741 型运算放大器。当然，你也可以使用新型运算放大器进行替代，但是要注意不要超过最大工作电压。使用前注意检查运算放大器外面的引脚。

2. 除非另有规定，使用额定功率 0.25W 或是 0.5W 的电阻和电容至少保证提供相应的电源电压。如果一些确定的参数出现不可用的情况，你可以对这些确定参数上下浮动10% ~ 20%来代替。

3. 在制作最终版本的电路前，我们通常会在面包板上焊接一个测试版本的电路。这样做能够让你修改电路变得容易。

安全第一

1. 在使用一些连接着电源的功率传感器电路时要注意安全。

2. 你自己制作的电路并不适用于医疗应用或是其他令人的生命安全有风险的场合。

2.2　电子传感器

一个电子传感器会对诸如光、声音、压力、振动、温度等外部激励做出反应。所有的传感器几乎都可以分成两类：简单的 GO-NO GO 型传感器，这类传感器通常作为 ON-OFF 型的开关；模拟传感器，这类传感器的输出与激励成正比。

2.2.1　GO-NO GO 型传感器

GO-NO GO 型传感器通常也叫作 ON-OFF 型传感器、YES-NO 型传感器或是二元传感器。它们中有一些是简单的机械装置，比如磁控开关和应用于许多安全系统中的振动传感器。

一些 GO-NO GO 型传感器包含一个模拟传感器和一个电路，当这类传感器感应的振幅超过（或者低于）了一

个确定的值, 开关才会断开（或者闭合）。通过添加一个
外部电阻或者修改外部数字开关阵列, 可以调节这类传感
器的判断值。

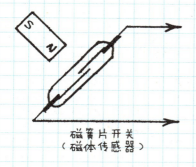

磁簧片开关
（磁体传感器）

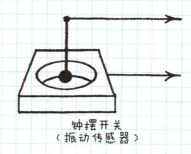

钟摆开关
（振动传感器）

2.2.2　模拟传感器

　　许多种类的模拟传感器已经可以在市场上购买了。
在这里对其中常见的做一下介绍。

光敏电阻

　　光敏电阻的阻值会随着光强的改
变而改变。

光敏二极管

　　光敏二极管会对光的激励反馈出
电流。

热敏电阻

热敏电阻的阻值会随着温度的改变而改变.

麦克风

当周围的声音分贝改变时，声敏传感器（麦克风）会产生电压降或是改变其电容.

压电传感器

由各种晶体或陶瓷构成. 当受到弯曲、振动或是机械冲击时，压电传感器会产生电压降.

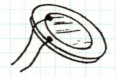

2.3 基本传感器电路

当某些东西被电子传感器感知时，电子传感器需要一个装置来表明感知到了. 对于一个简单的 GO-NO GO 型传感器，比如磁控开关，这个装置可以是一个发热灯、一个 LED 或是一个蜂鸣器.

模拟传感器的输出装置可以是一个模拟仪表、数字仪表、示波器或是计算机.

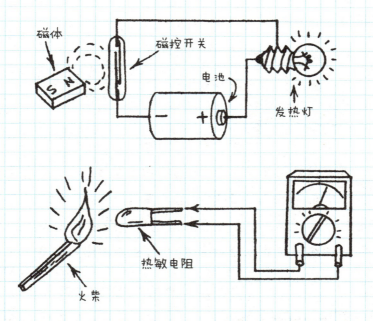

许多模拟传感器需要一个电路来将传感器的输出信号变为正常输出. 这里一个特别有用的电路叫作运算放大器. 运算放大器能够将光敏二极管输出的极小电流转变为一个电压, 这样就很容易在仪表中显示出来了.

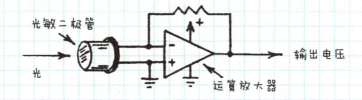

2.4 传感器和计算机

GO-NO GO 型传感器可以很容易地与计算机和数字电

路相连.

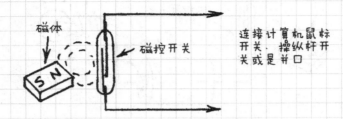

　　模拟传感器需要一个电路来将传感器的输出信号转
变为计算机可识别的数字信号. 其中一种方法是将信号
转化为一串脉冲, 脉冲的频率与信号的振幅成正比. 然后
计算机被编程以在给定时间内对这些脉冲进行计数.

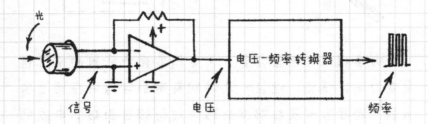

　　模拟-数字转换器 (A-D转换器) 能够将传感器的模
拟信号转换成二进制数, 二进制数的大小与模拟信号振幅
成正比.

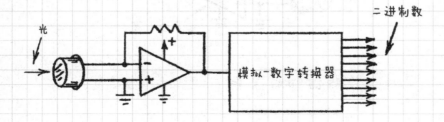

2.5 触摸开关

尽可能使用标准开关。当需要特殊应用或者需要超薄开关时，可以尝试使用触摸开关。

2.5.1 多层触摸开关

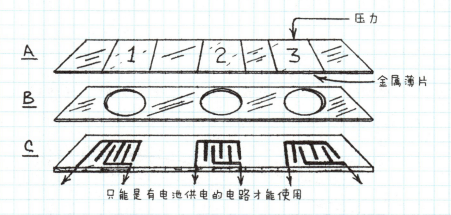

只能是有电池供电的电路才能使用

A- 顶部是透明薄膜的方形铝箔，使用黏合剂或是双面胶粘在下层。

B- 与 A 层材料相同，在每个开关的位置用机器冲压一个洞。

C- 如图所示的刻蚀电路板，同时将开关元件定位在电路板的图案上。

2.5.2　触觉反馈触摸开关

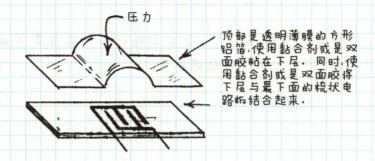

压力

顶部是透明薄膜的方形铝箔,使用黏合剂或是双面胶粘在下层. 同时,使用黏合剂或是双面胶将下层与最下面的梳状电路板结合起来.

2.5.3　晶须型杠杆触摸开关

　　将刚性塑料棒或琴弦连接到杠杆开关的可移动杆上,制造成晶须开关.

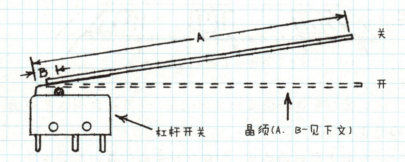

A

关

B

开

杠杆开关

晶须(A、B-见下文)

晶须开关的应用

　　机器人领域-用以感知对象.

　　工业领域-晶须悬挂在传动带上方来检测纸箱等物体是否经过.

　　勘探领域-将晶须从泥或草中拖过,来检测石头或是植物的数量.

杠杆开关的物理模型

晶须开关是一个费力杠杆.

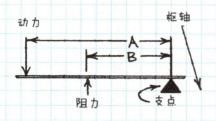

对于理想杠杆: 动力 × A = 阻力 × B

以下结果基于邮资秤和尺带以及开关杠杆算出,并将结果给成下表:

A/cm	质量/g
2	49.6
5	22.7
10	11.3
15	7.1

1 oz = 28.35 g

2.6 膨胀开关

膨胀开关会由于大气压自动关闭,当沿着气管吹气时,它会断开. 膨胀开关价格昂贵并且市面上很难找到,但是你可以自制一个. 在多种设计方案中,我展示了最可靠的一种.

工作原理:

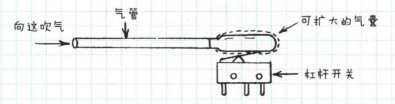

你呼吸中的湿气会凝结在气管中并导致开关的机械

结构被腐蚀或是粘在一起。这里展示的方法会使湿气一直远离开关。下面的开关是膨胀开关的一种标准形式。

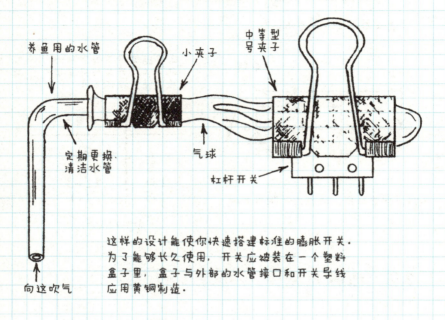

养鱼用的水管

小夹子

中等型号夹子

定期更换清洁水管

气球

杠杆开关

向这吹气

这样的设计能使你快速搭建标准的膨胀开关。为了能够长久使用，开关应被装在一个塑料盒子里，盒子与外部的水管接口和开关导线应用黄铜制造。

2.7 回形针开关

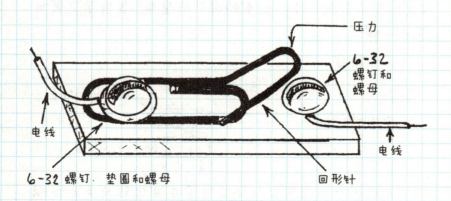

压力

6-32 螺钉和螺母

电线

电线

6-32 螺钉、垫圈和螺母

回形针

2.8 耳机插头开关

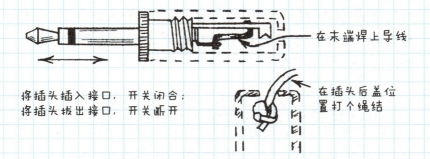

将插头插入接口，开关闭合；
将插头拔出接口，开关断开

在末端焊上导线

在插头后盖位
置打个绳结

2.9 倾斜开关

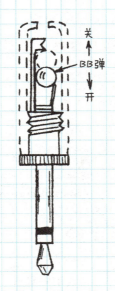

关

BB弹

开

这种开关当钢制气动枪子弹（钢制BB弹）滚动，

在耳机插头末端卡进1/8in时，开关闭合；反之，开关断开。最初的设计是使用镀锌BB弹，但是4.5mm的BB弹镀上锌保护层后，导电效果很差。因此我将BB弹放在木板里事先打好的小洞中，熔化一些焊锡并倒入洞中包裹BB弹，最后用烙铁将BB弹弄出来。（那时BB弹很烫！）

2.10 琴弦振动开关

琴弦（可以从一些爱好者商店或者五金商店获得）是一种硬的钢丝，它有弹性，在受到轻轻弯曲后能变回它原来的样子。琴弦可以制作许多种倾斜开关或是振动开关，这些开关可以应用在多种场合。

注意：你自己制作的这种开关只能用在电池供电的应用中！

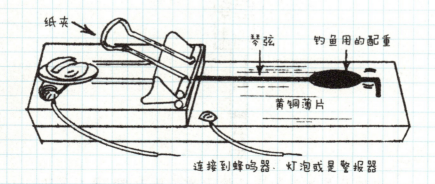

纸夹
琴弦
钓鱼用的配重
黄铜薄片
连接到蜂鸣器、灯泡或是警报器

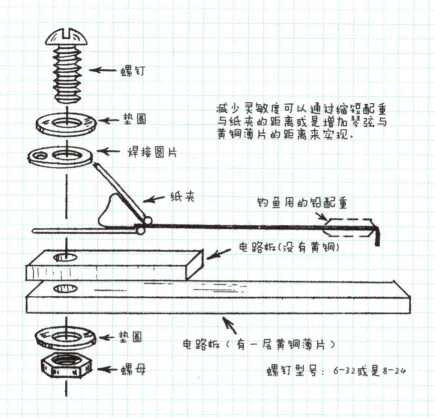

减少灵敏度可以通过缩短配重
与纸夹的距离或是增加琴弦与
黄铜薄片的距离来实现.

螺钉

垫圈

焊接圆片

纸夹

钓鱼用的铅配重

电路板(没有黄铜)

垫圈

电路板 (有一层黄铜薄片)

螺母

螺钉型号：6-32或是8-24

2.11　压电振动开关

　　某些晶体和陶瓷在弯曲时，会响应出一个电压并且在持续弯曲时会一直有电压产生，这种属性叫压电效应. 一个压电蜂鸣器是一个敏感的传感器. 尝试着做这个：

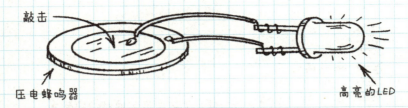

用一支铅笔敲击压电材料，敲击时观察末端的 LED。每一次敲击都会使 LED 闪烁。

下面建立的是地震传感器。这个版本我用来探测 1mile（1.6km）远的区域。将压电材料的引线连接到一个电压表上。地震震动会导致电压表指针跳到 1V 左右。配重可以选用铅制钓鱼配重或是 9V 电池。

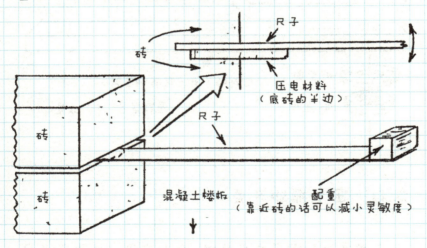

2.12 钟摆开关

钟摆开关是一种理想的测量倾斜或是振动的开关。它被用在安全系统或是地震传感器上。钟摆开关可以很容

易地利用手头的材料制作. 这里有一个钟摆开关设计你可以借鉴一下:

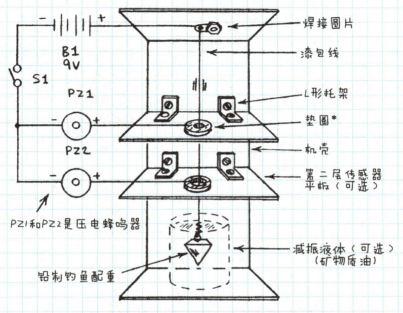

* 垫圈选用镀锡垫圈. 将压电蜂鸣器的引线焊接在垫圈上, 同时将垫圈对应固定在传感器平板钻的孔洞上.

机壳用塑料或金属制成的封闭机壳. 传感器平板是用和电路板一样的材料制成 (没有铜薄片). 第二层平板的垫圈及孔洞要比第一层平板的大. 这样的话就为检测倾斜或是振动增加了第二个信号.

2.13 四分之一钟摆开关

用四个或多个区段的圆形阵列替换本章最初介绍的

简单的 GO-NO GO 型开关，你就可以制作一个指示倾斜或
振动方向的开关。

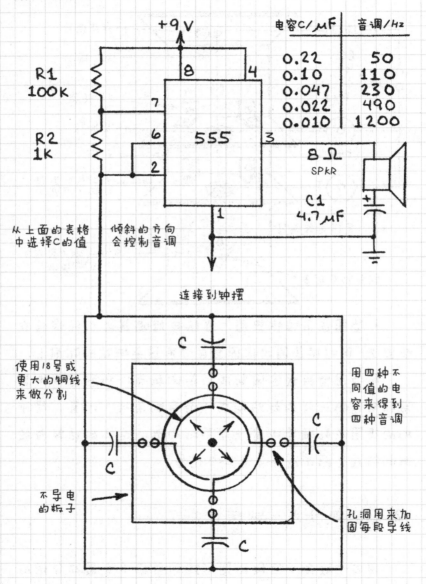

电容C/μF	音调/Hz
0.22	50
0.10	110
0.047	230
0.022	490
0.010	1200

+9 V

R1
100k

R2
1k

8

4

7

6

555

2

3

8 Ω
SPKR

1

C1
4.7 μF

从上面的表格
中选择C的值

倾斜的方向
会控制音调

连接到钟摆

C

使用18号或
更大的铜线
来做分割

用四种不
同值的电
容来得到
四种音调

C

C

不导电
的板子

C

孔洞用来加
固每段导线

64

2.14 开关型警报系统

许多安全警报系统使用 ON-OFF（SPST）型开关去检测是否有门窗打开或是否有振动存在. 磁控开关、金属箔（通常当窗户损坏时金属箔也会出现碎裂）和振动传感器在这些系统中被广泛使用.

典型磁控开关

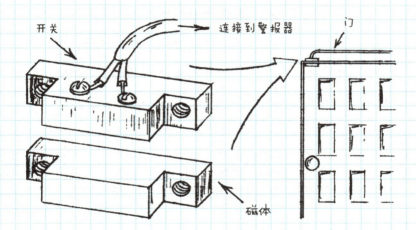

开路警报器的基本电路

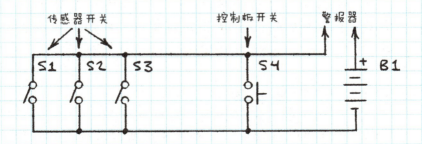

当任意一个开关闭合，警报器（响铃、警笛、蜂鸣器或是发热灯泡）会被触发。但是这个电路很容易被干扰。当导线被切断时，电路无法工作。

2.14.1 改进型开路警报器

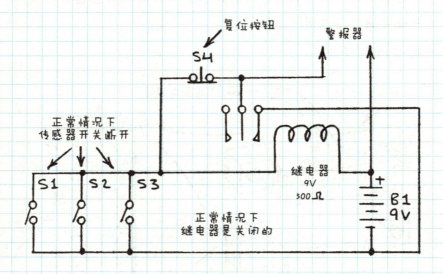

当任意一个传感器开关闭合时，继电器开始工作，警报器会一直工作直至复位开关断开。当传感器开关闭合后，再剪断传感器开关的导线，电路仍可正常工作。

2.14.2 闭路警报器

这个电路持续监控着传感器开关。当开关断开时，警报器被触发. 继电器在开关闭合时会不断消耗电流.

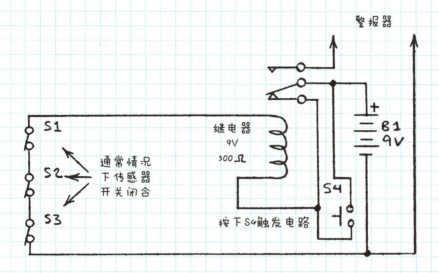

智能开关传感器

当传感器开关像下面这样串联排布时, 能够让有线安全系统更安全.

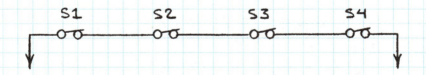

当其中一个开关断开时, 警报器会发出声响. 发热灯会闪烁. 但是电路并没有指出到底是哪个开关断开了. 下面这个电路可以指出到底是哪个开关断开.

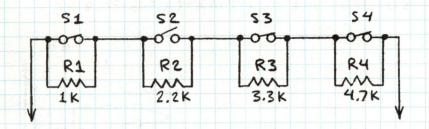

　　正常情况下，输出电阻接近0Ω。当开关断开时，对应的电阻会出现在输出电阻中。如上图电阻所示，当输出电阻是2.2kΩ时，开关S2断开。这个方法也可以指出两个或两个以上的开关同时断开的情况。依旧如上图电阻所示，当输出电阻是5.5kΩ，开关S2、S3同时断开。

重要提示

　　当设计和安装安全系统时要特别小心。确保使用新电池并经常对电路进行测试检查。

2.14.3　智能安全警报器

　　S1～S5：磁控开关，正常情况下闭合。

　　操作：

　　1. 按下S6进行测试（蜂鸣器会发出声响）。

　　2. 如果蜂鸣器发出声响，切换S7到读出档，与此同时蜂鸣器会关闭。之后开启欧姆表并读出电阻值。如果电阻值特别小，证明电池基本没电了，无法维持继电器的工作。

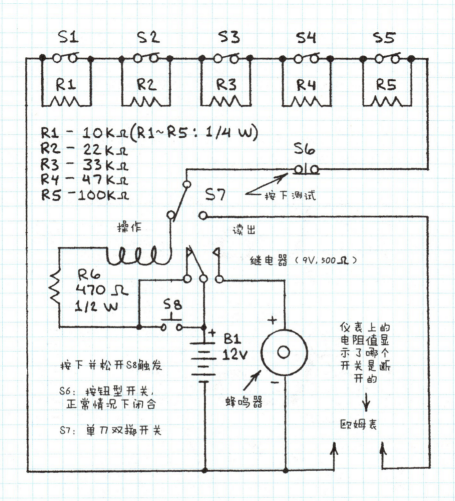

R1 - 10kΩ(R1~R5: 1/4 W)
R2 - 22kΩ
R3 - 33kΩ
R4 - 47kΩ
R5 - 100kΩ

S6

S7

按下测试

操作

读出

R6
470Ω
1/2 W

继电器（9V，500Ω）

S8

B1
12V

蜂鸣器

按下并松开S8触发

S6：按钮型开关
　　正常情况下闭合

S7：单刀双掷开关

仪表上的
电阻值显
示了哪个
开关是断
开的
↓
欧姆表

2.15　检测水火传感器

　　这种开关在正常情况下，会通过一种物质保持闭合状态。这种物质是一种遇到热会熔化或者遇到潮湿会溶解的物质。为了安全起见，这种开关被设计成如果遭到破坏便会断开.

检测火传感器：在传感器空隙中放入一部分生日蜡烛. 当蜡烛熔化或者木质衣夹被烧掉时，开关就会断开.

检测水传感器：在传感器空隙中放入像阿司匹林这样的水溶性片剂或是水溶性胶囊.

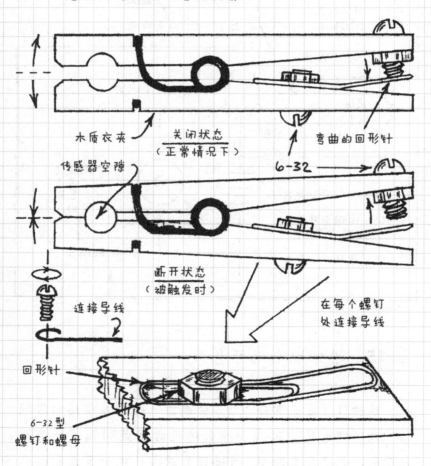

木质衣夹

传感器空隙

关闭状态
（正常情况下）

弯曲的回形针

6-32

断开状态
（被触发时）

连接导线

在每个螺钉处连接导线

回形针

6-32型
螺钉和螺母

2.16 拉力传感器

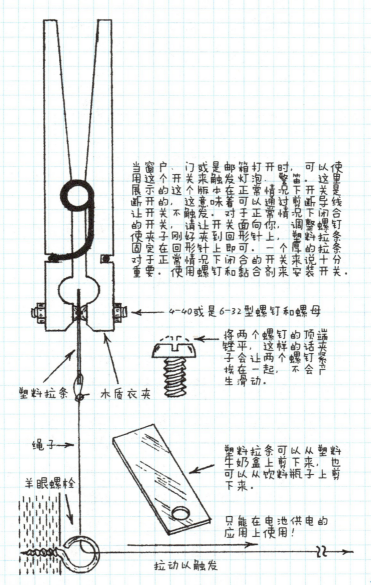

使这里是线合开关条条十分开关。

以关闭螺钉拉拉装开关。

可以关导断开下调整料的厚说明安装

时，笛下前况过情。一个情况下闭合的开关。

打开情况正可于面向针对即。使用螺钉和黏合剂来

箱灯泡常在正过开关夹到回形针上，塑料

邮发以让本意你。请让夹子在正常情况下闭合的开关。

是触这个瓶发。请刚好夹到回形针上即

或来个开的，这不触，让使用螺钉和黏合剂来

门个的关这关，夹定在正常情况下使用。重要

户这开关，让开开夹子固对要。

当用展断让使。

4-40或是6-32型螺钉和螺母

将两个螺钉的顶端夹紧锉平，这样的话子会让两个螺钉按在一起，不会生滑动。

塑料拉条   木质衣夹

绳子

塑料拉条可以从塑料牛奶盒上剪下来，也可以从饮料瓶子上剪下来。

羊眼螺栓

只能在电池供电的应用上使用！

拉动以触发

2.17 电压传感器

GO-NO GO 型电压传感器有着许多有价值的应用. 它们可以用齐纳二极管或是比较器来制作.

齐纳二极管型电压传感器

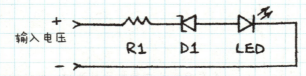

当输入电压超过了 D1 的反向击穿电压时, LED 会发光.

$R1 = ($输入电压 $- V_{LED}) / I_{LED}$

V_{LED}: 对于市面上常见的 LED, 范围大约是 $2.0 \sim 2.7V$ (具体参考 LED 说明).

I_{LED}: I_{LED} 是通过 LED 的期望值. 对于 10mA 的电流, I_{LED} 约为 0.01A.

条状电压传感器

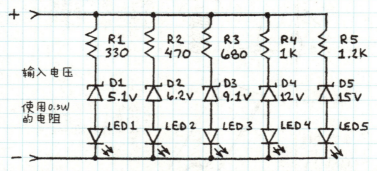

LED1 ~ LED5 发光对应着输入电压大小从 5V 至 15V. 将齐纳二极管与其他有击穿电压的器件一起使用也是可以的.

比较器型电压传感器

这种基本的比较器型电压传感器会检测当前电压是否高于可调节的参考电压.

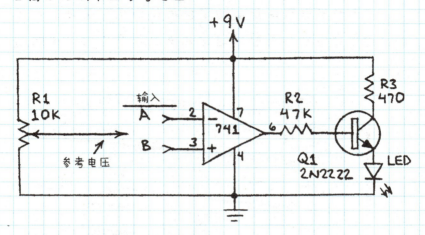

当参考电压连接到 B 端:

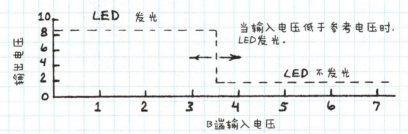

当输入电压低于参考电压时, LED发光.

LED 不发光

当参考电压连接到 A 端:

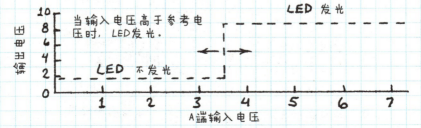

当输入电压高于参考电压时, LED发光.

LED 发光

LED 不发光

2.18 模拟压力传感器

压力传感器可以用身边简单的材料很容易地制作出来. 这里介绍的传感器通过接收压力改变电位器的阻值实现.

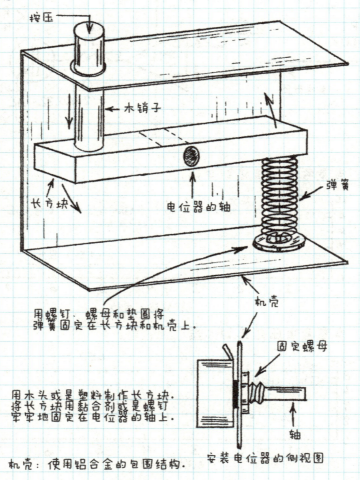

按压

木销子

长方块

电位器的轴

弹簧

用螺钉、螺母和垫圈将
弹簧固定在长方块和机壳上.

机壳

固定螺母

用木头或是塑料制作长方块.
将长方块用黏合剂或是螺钉
牢牢地固定在电位器的轴上.

轴

机壳: 使用铝合金的包围结构.

安装电位器的侧视图

简单的压力传感器

这个简单的传感器不提供像电位器那样有一致性的结果，但是它非常容易制作。

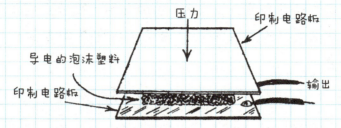

两块电路板上都有抛光的铜面。在每个电路板上都焊接上导线。之后将导电的泡沫塑料（用来保护电路板）夹在两个电路板之间的铜面上。将传感器放置在小塑料盒中以将其保持在一起。

2.19 压电传感器

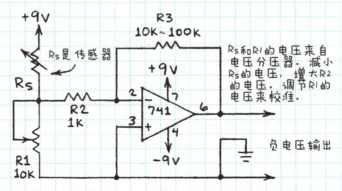

用 R1 和 R3 的值进行试验以得到所需的输出。连接 R_s 到 -9V 以得到正电压输出。

2.20 应变传感器

应变测量仪是一个电阻，这种电阻的阻值会随着它弯曲、扭动变形而产生变化。你可以很容易地自制一个应变测量仪。

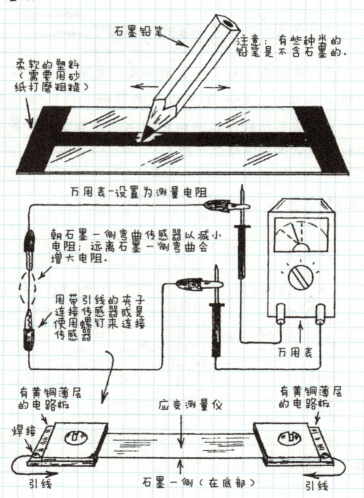

石墨铅笔

注意：有些种类的铅笔是不含石墨的。

柔软的塑料（需要用砂纸打磨粗糙）

万用表-设置为测量电阻

朝石墨一侧弯曲传感器以减小电阻；远离石墨一侧弯曲会增大电阻。

用带引线螺钉连接传感器使传感器

引线的夹子或器来连接

万用表

有黄铜薄层的电路板

应变测量仪

有黄铜薄层的电路板

焊接

引线

石墨一侧（在底部）

引线

2.20.1 应变传感器应用

我的第一个应变传感器是用来监测模型火箭的移动情况的，我把火箭安在风洞里——绑在一辆1966年的雪佛兰轿车旁边。那个传感器后来工作了！ 这里介绍一些应变传感器的其他应用。

压力敏感电阻——使用应变传感器去控制音频振荡器的频率或放大器的增益。

压力敏感开关——使用应变传感器作为非常敏感型触碰开关。

加速度计——将重量附加到应变传感器的一端，移动会使应变传感器的电阻改变。

磅秤——把应变传感器放在一个柔软平台的底部。用一些物体校准后便可以测量柔软平台上物体的重量。

实验——应用于机器人和探测器的振动或移动传感器。

2.20.2 应变传感器设计

尝试一下，这些变化能增加灵敏性或是制作单端传感器。

校准或是调节电阻时可以用橡皮轻轻擦拭石墨。

在涂石墨时涂得薄一些，以防电阻中出现一些不希望发生的变化。

高灵敏性　　单端

2.20.3　应变传感器继电器

　　这种电路可以通过弯曲、扭曲传感器来将继电器拉进电路中。

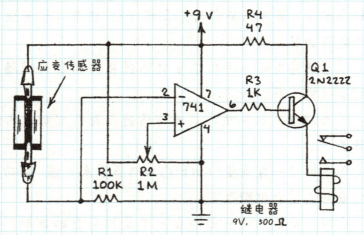

2.20.4　应变传感器音调发生器

　　当传感器发生弯曲、扭曲时, 扬声器的音调频率也会发生变化。

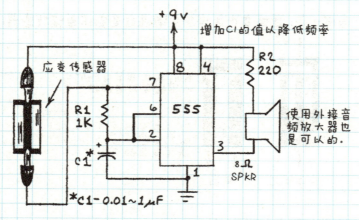

2.20.5　应变传感器放大器

这个电路通过改变应变传感器的电阻进而改变输出电压.

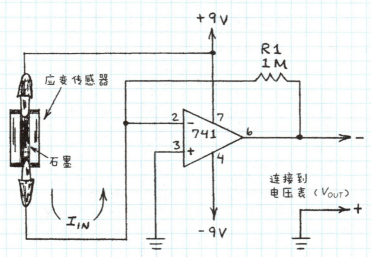

电路通过应变传感器（I_{IN}）放大电流达 1000000 倍. 因此这个电路非常敏感. 可以通过降低 R1 的值来降低输出（$V_{OUT} = I_{IN} \times R_1$）.

几种典型的应变传感器的结果（V_{OUT}）:

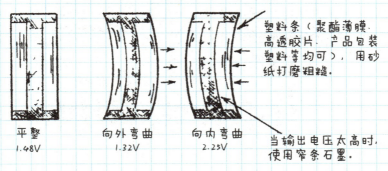

平整　　　　向外弯曲　　　向内弯曲
1.48V　　　　1.32V　　　　　2.25V

塑料条（聚酯薄膜、高透胶片、产品包装塑料等均可），用砂纸打磨粗糙.

当输出电压太高时，使用窄条石墨.

2.21 磁场传感器

罗盘是一种磁场传感器。一个光线传感器可以检测到一个罗盘指针造成的微小的移动，这种微小的移动可能是由于电动机、磁体或是太阳活动造成的。

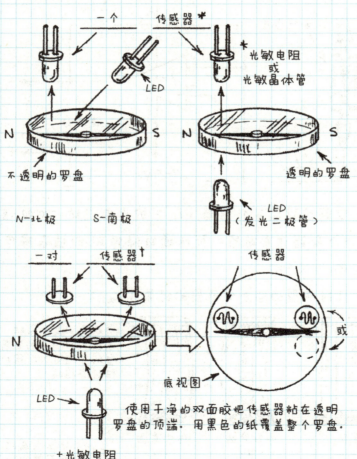

不透明的罗盘

N-北极   S-南极

透明的罗盘

使用干净的双面胶把传感器粘在透明罗盘的顶端。用黑色的纸覆盖整个罗盘。

将罗盘放在白纸包裹的干净的箱子里开始测试. 房间的光线会向上反射. 在不透光的情况下安装罗盘和LED.

2.21.1 磁场开关

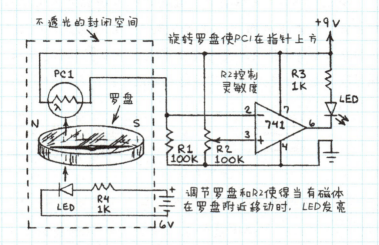

不透光的封闭空间

旋转罗盘使PC1在指针上方

+9V

PC1

罗盘

R2控制灵敏度

R3 1K

LED

741

N   S

R1 100K   R2 100K

LED   R4 1K

6V

调节罗盘和R2使得当有磁体在罗盘附近移动时, LED发亮

2.21.2 磁场放大器

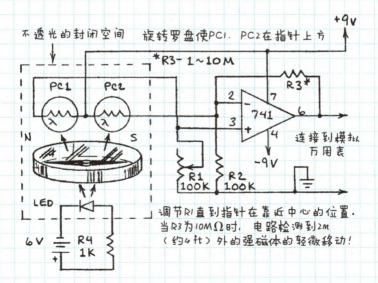

不透光的封闭空间   旋转罗盘使PC1, PC2在指针上方

+9V

*R3- 1~10M

PC1   PC2

R3*

741

N   S

R1 100K   R2 100K

-9V

连接到模拟万用表

LED

6V   R4 1K

调节R1直到指针在靠近中心的位置. 当R3为10MΩ时, 电路检测到2m(约4ft)外的强磁体的轻微移动!

2.22 视频监控传感器

把光敏电阻、光敏晶体管或是太阳电池贴在屏幕上作视频监控。屏幕上的每一个亮点闪过，在光传感器识别后都可以用来控制音调发生、发光器光亮或是继电器工作。因此，监视器屏幕上的光亮代替了监视器和被监视器件之间的导线。

屏幕　　　　胶带
　　　　　　连接到电路
　　　　　　光敏电阻　　　　　　　　　光标

1. 忙碌的信号——假定一个程序花费了较多时间去运行数据，同时程序使用鼠标在一个贴着光传感器的屏幕上移动图标。传感器与音调发生器相连。那么音调发生器会出现非常清晰的音调变化。当那些"忙碌"的图标变化成光标时，使用这个监控传感器，你就可以在计算机忙碌的操作数据时干点别的事。

2. 调节器——当你使用 BASIC、QBASIC 或是其他语言编程时，屏幕的一块区域处于黑色背景中。这可以很直接地被一个或是多个传感器感知到。这就可以允许你的计算机使用程序控制调节外部的灯光、声音和继电器。

3. 驱动信号——把一个光传感器粘上，硬件或是 CD-ROM 所产生的指示光将会被识别。将传感器与音调发生器相连。每当驱动开始时对应的声音便会响起。

4. 监控探头——监控探头是一种理想的用来观察睡眠中的婴儿的装置或是安装在阳台的监控器. 但是你必须时刻盯着监视器才能知道发生了什么. 将一个或是多个光传感器粘在屏幕上可能发生移动或是变化的地方, 之后连接传感器到一个阈值检测器上. 当监控的图片发生变化时, 蜂鸣器将会报警.

请注意: 上文中提到的所有应用都处于测试阶段, 它们是实验应用. 你得到的结果受外部环境对光线的干扰的影响和传感器与监视器连接位置的影响.

2.22.1　视频监控音调发生器

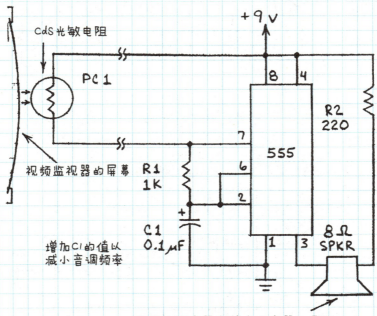

增加C1的值以减小音调频率

用压电蜂鸣器来替换扬声器也是可以的
（红线连接到4脚, 黑线连接到3脚）.

2.22.2 视频监控继电器电路

这些电路有一个简单的意图：用视频监视器来控制外部器件。

光驱动继电器

继电器在屏幕对应的 PCI 处发亮时被拉出电路.

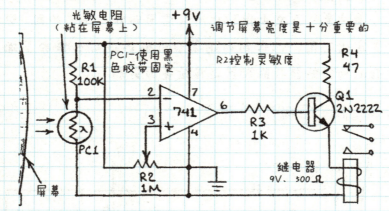

暗驱动继电器

继电器在屏幕对应的 PCI 处变黑时被拉进电路.

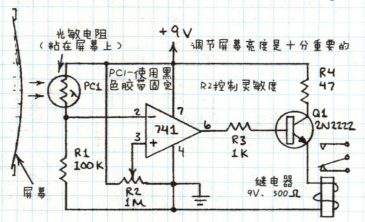

改进型视频监控继电器

这个电路采用双光敏电阻来提供差分操作。室内的光线变化会导致两个光敏电阻的阻值变化相同，因此室内的光线对它们的影响相互抵消。只有当 PC1 收到的光大于 PC2 时，电路的平衡被打破，继电器被驱动。

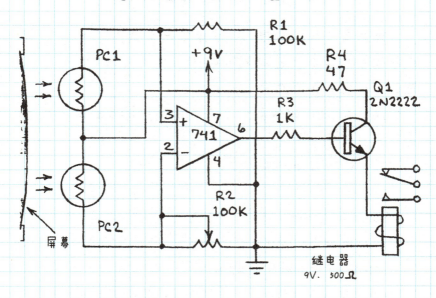

PC1、PC2——光敏电阻。

调节 R2 控制开关阈值。

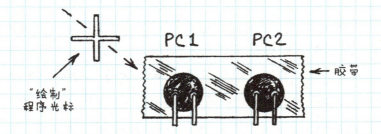

这个电路可以很容易地对典型的程序绘制的多种光标做出响应。当软件绘制的光标接近PC1（黑屏上出现白点）时，电路应该能被设置（通过R2）去驱动继电器。

2.22.3 视频监控传感器程序

这里有一些小程序，来论述当一个或多个光传感器从监视器的屏幕上接收到光的闪烁或是亮光时，计算机是如何控制外部器件的。

这个QBASIC程序在10个开关周期把屏幕的同一个位置都设为"X"。

```
REM X ON X OFF DEMO
CLS
FOR A = 1 TO 10
LOCATE 20, 50 :PRINT "X"
FOR N = 1 TO 1000 : NEXT N
LOCATE 20, 50:PRINT   " "
FOR N = 1 TO 1000 : NEXT N
NEXT A
END
```

这个程序是这样工作的：

FOR A = 1 TO 10：控制开关周期的数量。例如，将10～100变为100个周期。

LOCATE 20, 50 :PRINT "X"：在第20行，第50列的位

置设置为 "X"。一个典型的监视器通常含有 25 行 80
列，你可以在这个范围的任意地方设置 "X"。

FOR N = 1 TO 1000:NEXT N：定义 "X" 存在多久，何时
留下来何时消失。增加第二个数字可以增加延迟。

对于闪烁的光标，改变 LOCATE 声明为

LOCATE 20, 50, 1, 0, 7（光标亮起）

⋮

LOCATE 20, 50, 1, 1, 0（光标变暗）

这个程序在两个相邻的位置交替闪烁 "X" 以控制两
个光传感器。

```
REM DUAL FLASHER ROUTINE
CLS
FOR A = 1 TO 10
LOCATE 20, 50:PRINT  "X"
LOCATE 20, 40:PRINT   "  "
FOR N = 1 TO 1000:NEXT N
LOCATE 20, 50:PRINT   "  "
LOCATE 20, 40:PRINT  "x"
FOR N = 1 TO 1000:NEXT N
NEXT A
END
```

注意：如果你在每行之前放置一个连续的数字，那么
这个程序和上一个程序将使用 BASIC 工作。（尝试 10、
20、30 这样的编码，这样你能够在之后方便地插入新的行

语句。）

修改屏幕上的符号

对于在一个期望的地方放置一个符号来说，LOCATE 是一种简单的命令。如果 "X" 或是其他键盘上的符号不能提供足够的亮度或是形成对比来驱动你的传感器，可以通过增加屏幕亮度或是通过 CHR $ 声明来使用 ASCII 字符解决。下面是一个例子：

LOCATE 20, 20: PRINT CHR $ (178)

在屏幕上放上一个白色方块。

其他的合适的 ASCII 字符包括：

□ - 176	I - 179	∓ - 216	□ - 220	o - 249
□ - 177	+ - 197	□ - 219	□ - 223	• - 250

如果需要完整的字符清单，请查看程序手册。

2.23 闪电传感器

使用这个电路来探测远方一闪而过的闪电。

雷电就像一个巨大的无线发射器，晶体管收音机可以探测到闪电。但是你听到的爆裂、破碎的雷电声并不是闪电发生的真正方向。这个电路可以指出一般情况下白天雷电的方向，此时可能环境很明亮你无法看到一闪而过的闪电。而夜晚，这个电路可以探测远方因为昏暗而看不到的闪电。

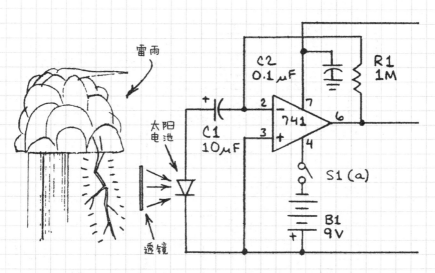

　　为达到最好的探测效果，太阳电池前面加装了一个放大透镜。一个大塑料菲涅耳透镜，如市场上销售的扁平塑料镜比放大镜效果要好。透镜可以收集远大于一个太阳电池所需的光，这样传感器很容易定向。

　　为了制作闪电方位传感器，将太阳电池固定在一个四壁方方正正的塑料盒子中。将四个传感器电路和它们对应的 LED 输出（至少要 386 个音频输出台）放在一个电路板上，将电路板和电池一并放入塑料盒子里。选择四种不同颜色（红、黄、橙、绿）的 LED，将四个 LED 装在塑料盒子的同一侧，这样它们能够被一起看见。将传感器放到空旷的地方，盒子的"北侧"对准地理位置的北侧，你在房子里观测盒子。当 LED 闪烁，LED 颜色对应的方位就是最靠近雷电发生的方向。

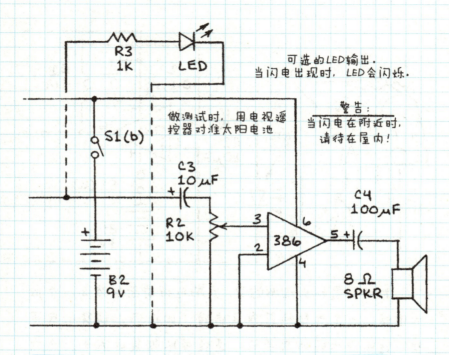

可选的LED输出.
当闪电出现时, LED会闪烁.

做测试时, 用电视遥
控器对准太阳电池

警告:
当闪电在附近时,
请待在屋内!

2.24 红外传感器

　　热敏电阻是一种温敏电阻. 在热敏电阻周围加装类
似于手电筒反射器的结构来聚焦, 以此达到探测热源的红
外射线的目的.

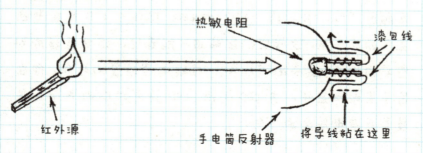

2.24.1 红外开关

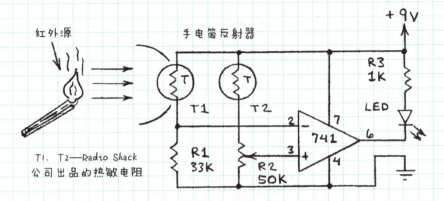

T1、T2—Radio Shack
公司出品的热敏电阻

接通电源，等待几秒让热敏电阻稳定。调节 R2 直至 LED 刚好熄灭。将你的手靠近热敏电阻，LED 应该亮起。一根燃烧的火柴能够在远离电路 1m（3 ft）的地方让电路启动。记录下空气中温度的变化，这些变化会对 T1 和 T2 造成同等影响。但是红外源只会影响 T1。如果要添加继电器的话你可以在本书中找到类似的电路。

2.24.2 红外放大器

这个电路将指出周围存在的热源，诸如火苗或是热的电烙铁。输出电压（V_{OUT}）会随着红外线的增加而增加。

将用万用表设置为直流 0～5V 或是 0～10V。调节 R1 直至万用表指针处于万用表仪表盘中间位置。电路周围的红外源在反射器的聚焦下会让万用表指针向上偏转（向右偏转）。移除红外源会让万用表指针向下偏转（向左偏转）. 红外源正确地对准T1内的反射器是很重要的.

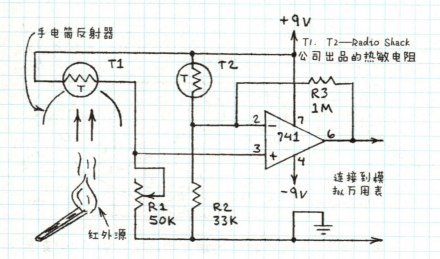

反射器对准

没对准　　对准

热敏电阻必须处在反射器
的焦点上. 焦点就是类似
于手电筒中灯丝或是电灯
泡所在的地方. 看一下反射器内部就明白了.

2.25　偏振光

从水、冰、玻璃和金属上反射的太阳光是部分甚至
是完全的偏振光. 有着偏振透镜的太阳镜阻挡了太阳反
射光中的强光, 这使得太阳镜在钓鱼、滑雪爱好者中很受

欢迎. 远离太阳90°的天空反射光是部分偏振的. 你可以在偏振太阳镜的帮助下观察到这一现象.

通常的光波有许多方向. 能够传递到你眼睛中的光 光波振动就像下图一样:

阳光. 反射光或是其他光穿过一些材料后, 光波振动就只剩下几个方向了. 如果它们的振动只有一个方向, 这种光就叫偏振光, 如下图:

非偏振光

偏振光

偏振的天空反射光

天空中偏振最多的部分透过偏振太阳镜看上去像一个暗带. 当你背对太阳, 观察远离太阳90°的天空, 会看到这样的场景: 当太阳升起或是太阳落山时, 偏振带最为明显; 当太阳直射头顶, 会看到"南北偏振带"

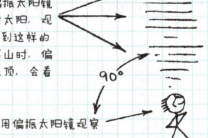

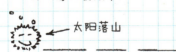

太阳落山

90°

用偏振太阳镜观察

偏振光传感器

偏振过滤器可以从相机或是科技商店获得, 或是使用廉价的偏振太阳镜透镜. 交错两个偏振镜片, 可以阻挡大部分光线.

没有交错　　　　　部分交错　　　　　交错

这个原理可用来制作对通常光不敏感只对偏振光敏感的传感器.

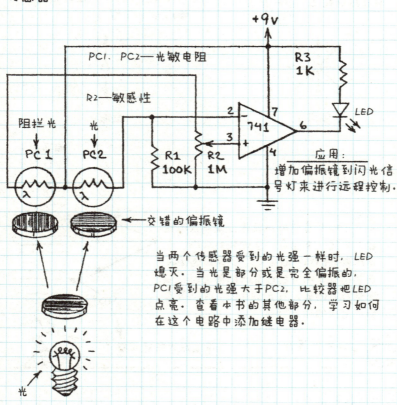

当两个传感器受到的光强一样时，LED熄灭. 当光是部分或是完全偏振的，PC1受到的光强大于PC2, 比较器把LED点亮. 查看本书的其他部分，学习如何在这个电路中添加继电器.

2.26　集成光传感器

集成光传感器是在一个含有窗口或是透镜的微型封装

中结合了一个光敏二极管和放大器或是振荡器的传感器。
有一些集成光传感器封装在染了色的封装内，用以传递附近的
红外线同时屏蔽可见光。

2.26.1　光音传感器

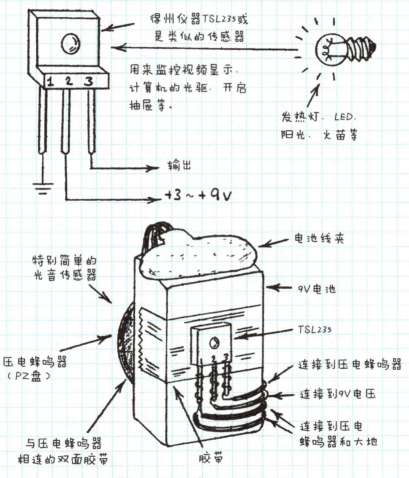

得州仪器TSL235或
是类似的传感器

用来监控视频显示,
计算机的光驱, 开启
抽屉等.

发热灯, LED,
阳光, 火苗等

1 2 3

输出

+3~+9V

电池线夹

特别简单的
光音传感器

9V电池

TSL235

压电蜂鸣器
(PZ盘)

连接到压电蜂鸣器

连接到9V电压

连接到压电
蜂鸣器和大地

与压电蜂鸣器
相连的双面胶带

胶带

TSL235 上的黑色胶带会降低敏感度.

2.26.2 红外遥控传感器

当红外遥控器控制发射器发射时, LED 将会发光或是有节奏地闪烁.

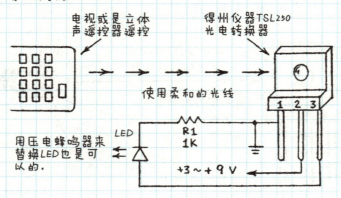

电视或是立体声遥控器遥控

得州仪器TSL250 光电转换器

使用柔和的光线

用压电蜂鸣器来替换LED也是可以的.

LED

R1 1K

+3~+9V

2.26.3 光驱继电器

用这个电路来感知人、物品、汽车等. 这个电路最好的工作场合是在黑夜或是光线昏暗的场所. 应在 TSL250 表面涂上颜色来屏蔽可见光带来的影响.

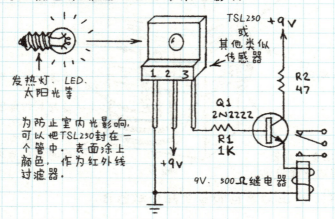

TSL250 或其他类似传感器

+9V

发热灯、LED、太阳光等

为防止室内光影响, 可以把TSL250封在一个管中. 表面涂上颜色, 作为红外线过滤器.

R2 47

Q1 2N2222

R1 1K

+9V

9V、500Ω继电器

2.27 光学液位传感器

光学液位传感器有着可以听到的输出. 为了获取最好的效果, 用 LED 照亮液位小瓶的一侧并将光传感器置于小瓶下面. 将整个传感器放入遮光的盒子中.

2.27.1 可变音调液位传感器

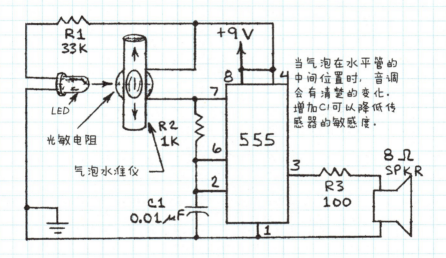

当气泡在水平管的中间位置时, 音调会有清楚的变化. 增加 C1 可以降低传感器的敏感度.

2.27.2 开关型音调液位传感器

调节 R3 直到压电蜂鸣器当气泡在水平管的中间位置时才发出声响.

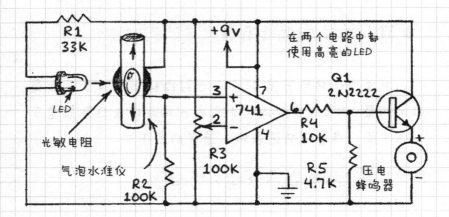

R1
33K

LED

光敏电阻

气泡水准仪

R2
100K

+9v

3
+
2
−
741
7
4

R3
100K

在两个电路中都
使用高亮的LED

Q1
2N2222

6
R4
10K

R5
4.7K

压电
蜂鸣器

3

磁传感器工程

3.1 概述

　　这里有一块会吸引铁的岩石。这种矿物质是四氧化三铁（Fe_3O_4），更被人们熟知地叫作磁铁矿。这种矿物质中的一部分是天然磁体。这里有一个当年我在我书桌上写下的对于磁铁矿的梗概：

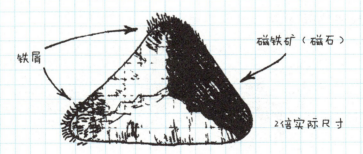

铁屑

磁铁矿（磁石）

2倍实际尺寸

　　天然磁体叫作磁石。这个名字从"带路石"而来，它是指磁石被绳子吊起来，它总有特定的一侧一直指向北面。这个发现导致了罗盘的发明。罗盘是第一种被广泛使用的用磁石制成的应用。罗盘是水手和探险者十分重要的确定方位的工具。

至少有两个关于"磁体"的起源的故事。根据罗马作家卢克莱修（公元前96—55年）记载，希腊人最早在小亚细亚（Magnesia）发现了磁石，并以产地命名（magnet）。据老普林尼（公元23—79年）记载，磁石一词名源自磁山的传说，由希腊人根据传说命名。传说在磁山上，牧羊人玛格内斯因鞋子里的钉子和他拐杖上的铁屑被磁场吸引，而行走艰难。

3.2 磁场

在磁体的周围存在着一块能够影响外部物体的区域，称之为磁体的磁场。磁体周围的磁场形成了有条理的图案。这个图案可以通过在一张白纸下放上磁体，在白纸上铺洒铁屑的方法用肉眼观测到。

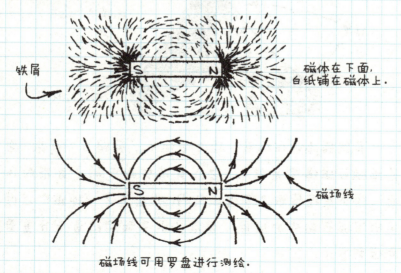

铁屑

磁体在下面，白纸铺在磁体上。

磁场线

磁场线可用罗盘进行测绘。

3.2.1 磁极

磁体的磁力集中在磁体尖端,这个尖端叫磁极。如果一块条形磁铁被绳子悬挂,有一端会始终指向北极。这一端叫作磁性北极。磁体的另一端总指向南极的叫作磁性南极。

两块磁铁的磁极同性相斥,异性相吸。

吸引   排斥

3.2.2 磁场强度

磁场强度使用高斯(Gs)度量。距离一根5A电流的导线1cm处的磁场强度为1Gs。许多磁体在一起的磁场可能达到几百甚至几千高斯。

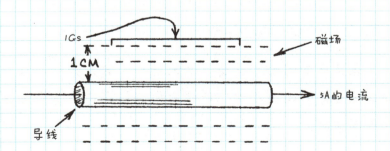

术语"高斯"是为了纪念约翰·卡尔·弗里德里希·

高斯（1777—1855），德国伟大的数学家。

地球是一个磁体吗

地球有磁场，但是地球不是一个磁体。地核现在被认定为是熔融态的金属，如此高的温度下不可能有磁性。现在普遍的观点认为地球的磁场是因为液体地核的旋转产生了电流，进而产生了地球的磁场。

3.3　地球的磁场

地球的磁场强度在赤道附近大约是 0.3Gs，极地附近大约是 0.7Gs。虽然很微弱，但是地球的磁场用罗盘很容易检测出来。

3.3.1　地球的地极

地球自转有一条假想的轴。这条轴在地球表面对应的位置是北极和南极。

3.3.2　地球的磁极

地球也有磁极。磁极并不与地极一致。地球的北磁极在加拿大的哈德逊湾。地球的南磁极在塔斯马尼亚南部的南极洲。

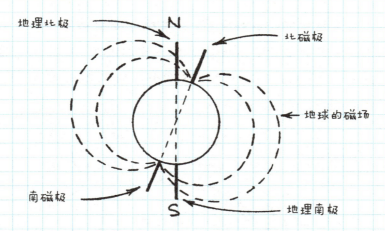

地理北极 N 北磁极

地球的磁场

南磁极 地理南极

S

变化的地球磁场

地球磁场的强度每天都是有波动的。在赤道附近每天波动大约0.0002Gs。在极地附近每天波动大约0.0005Gs。当太阳活动时，地球磁场的变化远比上述波动大。

3.4 生物的磁体

所有动物的身体里都会有一点磁性。最近的研究表明，动物的磁性有着类似于罗盘的作用，帮助鸟类、昆虫、鱼类甚至是细菌定位方向。

超磁性细菌

1975年，理查德·布莱克莫尔注意到一些生活在浊酒底部的细菌向一侧的一滴水迁徙。当他把一个磁体放到附近，细菌开始远离北磁极的方向，面向南磁极。之后发现磁性细菌会把它们自己朝一个磁场方向对齐，即使它们死亡也会这样做. 在此之后, 许多磁性细菌被发现. 它们之中绝大多数生活在泥地或是水下的淤泥中, 部分生活在土壤里. 它们被统称为趋磁性细菌. 它们身体中有一串微观的磁体, 被称为磁小体.

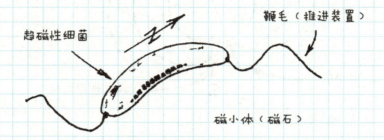

趋磁性细菌生活在北半球朝北磁极泳动, 生活在南半球朝南磁极泳动, 生活在赤道附近朝两磁极之一泳动.

3.5 磁体的应用

1. 直流电动机

2. 发电机

3. 音频扬声器

4. 音频耳机和头戴式耳机

5. 将钢铁废料从无磁性废料中分离

6. 在水中将毛掉的钢铁物品取回

7. 将钻头从油井或气井中取回

8. 从钻洞中收集备案芯片

9. 在奶牛胃中放入磁铁, 预防奶牛创伤性网胃炎.

心包炎的发生（牛胃磁铁）

  10. 在磁带上擦除或写入数据

  11. 柜锁

  12. 在车顶安装临时天线

  13. 在车身安装临时标志

  14. 家里或办公用的磁贴

  15. 收集泥中散落的钉子

  16. 回纹针收集器

  17. 用于科学研究发展

  18. 我曾经在一个陨石坑里用磁铁发现里面有铁陨石

3.6 磁体的形状

磁体有很多种形状，它们是

条形

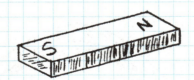

圆盘形

马蹄形

圆柱形

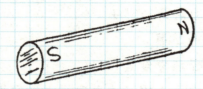

圆环形

柔软型

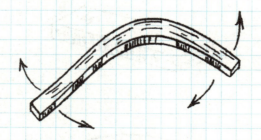

3.6.1 临时性磁体

软铁和软钢能够被磁化，但是却无法保持磁化。

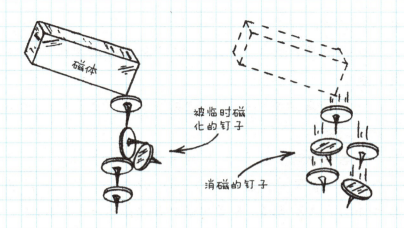

被临时磁
化的钉子

消磁的钉子

3.6.2 永久性磁体

硬铁、硬钢和某些金属能够永久保持磁化。陶瓷磁体、磁性橡胶和含磁性材料粒子的塑料是永久性磁体。以下是一些常见的永久性磁体材料及它们的磁场强度：

磁钢（许多是含铝、镍和钴的合金）：5500～13100Gs

铬钢：9700Gs

稀土钴：8100Gs

陶瓷：2200～3500Gs

塑料：1400Gs

橡胶：1300～2300Gs

3.6.3 使用及维护磁体

1. 当磁体或负载上粘有泥土、灰尘、油漆、锈迹时，磁体带负载能力会下降。

2. 当负载很薄或表面粗糙、不规则时，磁体带负载能力会下降.

3. 避免坠落或重击磁体. 这可能会造成磁体损坏或是消磁.

4. 强行将两个磁体的同极贴在一起, 会造成两个磁体部分消磁.

5. 当分开两个磁体时, 采用直接拉开的方法. 不要将一个磁体沿着另一个磁体滑动分开, 这会造成其中一块甚至两块磁体严重消磁. 尽量保证分开磁体时一下分开.

6. 避免将磁体放到电动机附近的强磁场中.

7. 一块软铁 "保管员" 将延长磁体的寿命.

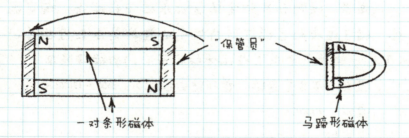

"保管员"

一对条形磁体

马蹄形磁体

8. 警告! 让磁体远离磁性媒体 (计算机磁盘, 信用卡, 磁带等)! 同时保持磁体远离机械手表.

3.7 罗盘

最简单的罗盘是一根磁化的铁针, 能够自由地在一个枢轴上转动. 铁针会将它自己与地球的磁场对齐排列. 一些历史学家相信世界上第一个罗盘是一条磁石放在木条上，木条浮在盛水的碗中制成。我尝试着做过这个罗盘。我将磁石放在一个小的方木上，木块浮在塑料盒子里的水上。但是这种"罗盘"工作时水面必须静止。它可能在陆地上工作，但是在船里工作就没有那么好了。第一个实际意义上的罗盘被认为是将磁针插入浮起的芦苇或是木杆制成的。铁针用磁石紧靠在上面摩擦来进行磁化。

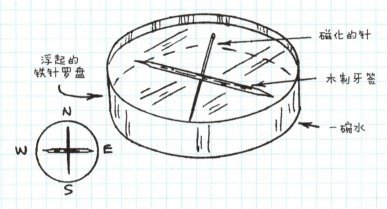

浮起的
铁针罗盘

磁化的针

木制牙签

一碗水

　　我尝试着做过这种罗盘并且它成功地工作了。首先我用铁针紧靠在磁石上面摩擦。一旦铁针能够吸引铁屑，证明它被磁化了。我用钳子将铁针穿过牙签。警告：小心点，避免破坏磁针或是伤到你的手指！当放到水面上时，铁针和牙签便自己缓慢地旋转直到针尖指向南北方向，牙签指向东西方向。

绘制一个磁场

　　罗盘可以用来绘制磁场。这种方法比用铁屑更加实际。

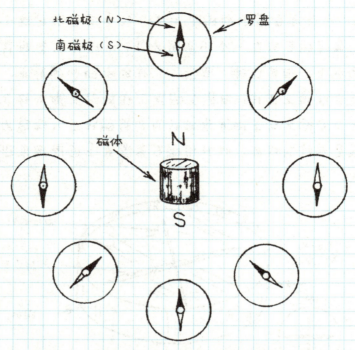

注意指针的北磁极的末端最后是如何指向磁体的南磁极的。

提示：同性相斥，异性相吸。

罗盘会对离它 30cm（约 1ft）内的磁体做出反应。

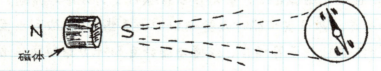

3.8 电磁

电流通过线圈会产生磁场，一个线圈产生的磁场很弱，但是许多线圈缠绕一卷，磁场会大大增强.

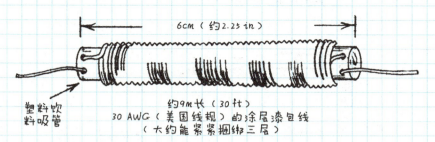

塑料饮料吸管

约9m长（30ft）
30 AWG（美国线规）的涂层漆包线
（大约能紧紧捆绑三层）

在线圈内插入钢棒并在导线引脚处连接 6V 电池. 使用火或是细砂纸将导线末端接头处的绝缘层去掉.

3.8.1 螺线管

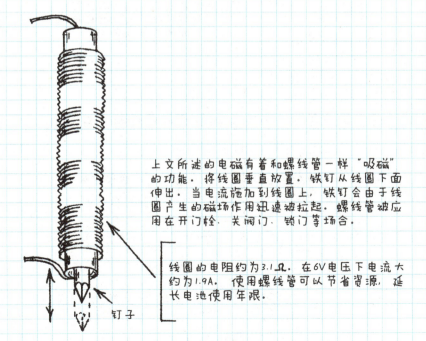

上文所述的电磁有着和螺线管一样"吸磁"的功能. 将线圈垂直放置. 铁钉从线圈下面伸出. 当电流施加到线圈上，铁钉会由于线圈产生的磁场作用迅速被拉起. 螺线管被应用在开门栓、关阀门、锁门等场合.

线圈的电阻约为3.1Ω. 在6V电压下电流大约为1.9A. 使用螺线管可以节省资源，延长电池使用年限.

钉子

3.8.2 电磁继电器

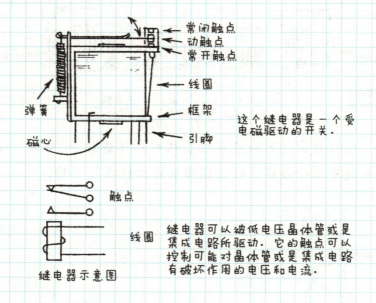

常闭触点
动触点
常开触点

线圈

框架

引脚

这个继电器是一个受
电磁驱动的开关.

弹簧

磁心

触点

线圈

继电器示意图

继电器可以被低电压晶体管或是
集成电路所驱动. 它的触点可以
控制可能对晶体管或是集成电路
有破坏作用的电压和电流.

3.8.3 继电器驱动器

这个电路展示了一个晶体管是如何控制继电器的.

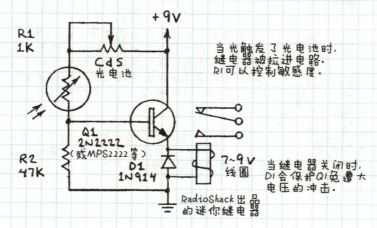

+9V

R1
1K

CdS
光电池

Q1
2N2222
(或MPS2222等)

R2
47K

D1
1N914

7~9V
线圈

RadioShack出品
的迷你继电器

当光触发了光电池时,
继电器被拉进电路,
R1可以控制敏感度.

当继电器关闭时,
D1会保护Q1免遭大
电压的冲击.

112

3.9 磁控开关

　　磁控开关是一种有着柔韧机械部件的簧片开关. 当磁体靠近时, 柔韧的机械部件会靠近或远离刚硬的机械部件.

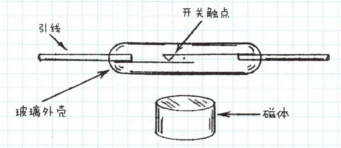

　　磁控开关非常可靠, 而且不需要外接电源. 它们经常被用作安全警报系统中用来检测门窗是否打开的部件. 这种用途的开关通常会安装上一个塑料外壳和引线引脚或是螺钉端子. 用作激励的磁体会安装上一个简单的外壳.

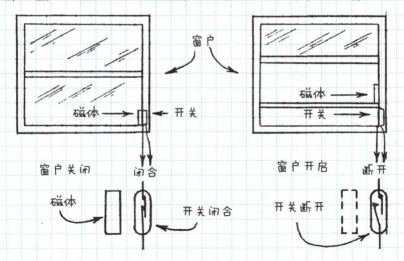

3.9.1 磁控开关接口

对于这个简单的晶体管电路，当磁体靠近 SW1 时，LED2 会亮起；移开磁体，LED1 会亮起。

提示：
LED1 = 红
LED2 = 绿
当有磁体时绿色 LED 亮起
当没有磁体时红色 LED 亮起

+6~+9 V

R1
47 K

R3
470

R2
1 K

Q1
2N2222,
MPS 2222 等

LED 1

LED 2

SW1

磁体

无论是磁体的磁北极还是磁南极接近开关，开关都会做出响应。

磁体	LED 1	LED 2
有	OFF	ON
无	ON	OFF

3.9.2　磁控驱动音调电路

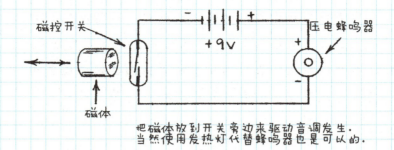

磁控开关

+9V

压电蜂鸣器

磁体

把磁体放到开关旁边来驱动音调发生.
当然使用发热灯代替蜂鸣器也是可以的.

3.10　霍尔效应

　　1879 年 10 月, 物理学家爱德华·霍尔发现这种效应并以他的名字命名. 霍尔发现当在强磁场下给一个金箔通电流时, 在垂直电流方向会出现电压. 这个电压叫作霍尔电压. 电压与磁场强度和电流的乘积成正比.

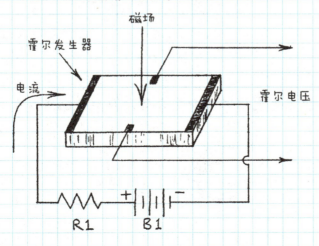

磁场

霍尔发生器

电流

霍尔电压

R1　　B1

电阻 R1 把电池 B1 的电流限制在一个安全的值. 太大的电流会导致过热, 烧毁霍尔发生器.

霍尔效应出现在导体和半导体中. 在实际应用中, 导体产生的霍尔电压太小了, 半导体产生的霍尔电压则大很多. 虽然砷化镓和其他的半导体产生的霍尔电压最大, 但是硅则凭借其稳定和易于制造的特点更受青睐.

3.10.1　霍尔传感器的应用

霍尔传感器在电子和传感领域有许多应用. 它们可以在肮脏和暴露于阳光的环境下工作, 在这种环境下可以代替光传感器. 这里列举了最常见的几种应用.

磁场传感器

霍尔传感器可以探测是否有微小磁体存在.

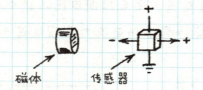

磁体　　　传感器

电磁场传感器

霍尔传感器可以探测是否有人为的电磁场存在.

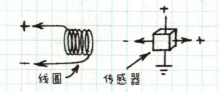

线圈　　　传感器

无跳动开关

用霍尔传感器制成的开关不像传统机械开关一样需要"跳"一下.

磁体 关 开
传感器

金属铁探测

霍尔传感器背面的磁体可以探测金属铁.

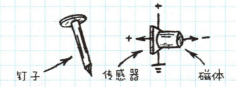

钉子 传感器 磁体

齿轮齿传感器

霍尔传感器背面的磁体可以探测齿轮齿.

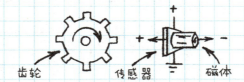

齿轮 传感器 磁体

3.10.2 霍尔传感器基础

霍尔传感器被大规模生产并应用于放大器和逻辑电路中, 这能让这些电路使用起来更加方便. 因此了解霍尔传感器是如何与这些电路相连的就显得尤为重要.

3.10.3 霍尔传感器的基本结构

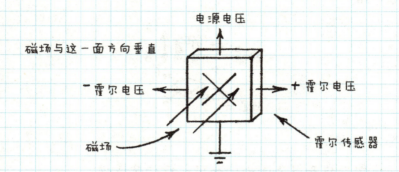

3.10.4 霍尔传感器的基本电路

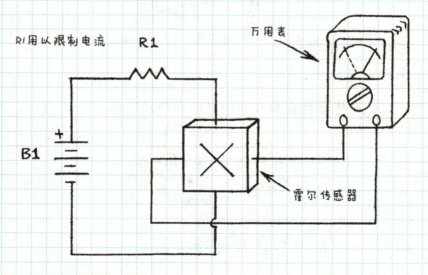

当磁体接近霍尔传感器时, 这个电路会产生输出电压.

3.10.5 霍尔传感器输出电压

霍尔电压与它所处的实际磁场成正比, 依据公式:

$$V_H = R_H \times \left(\frac{I}{T} \times B \right)$$

式中,

V_H 是霍尔电压,

R_H 是霍尔效应系数,

I 是穿过霍尔传感器的电流,

T 是传感器的厚度,

B 是垂直磁场强度.

在实际条件下, 当电源电压是 3V 时典型的硅霍尔传感器中霍尔电压大约是 18μV (0.000018V) /Gs. 这样小的一个电压却使得霍尔传感器被大规模生产并应用于放大器和逻辑电路中.

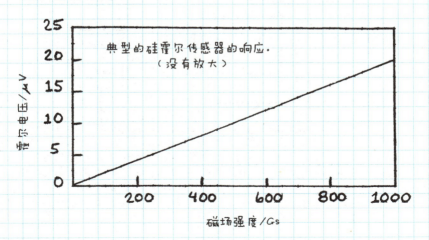

典型的硅霍尔传感器的响应.
（没有放大）

119

3.10.6 霍尔传感器＋逻辑电路

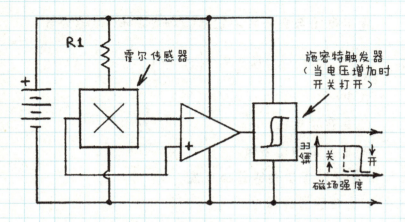

3.10.7 数字集成霍尔传感器

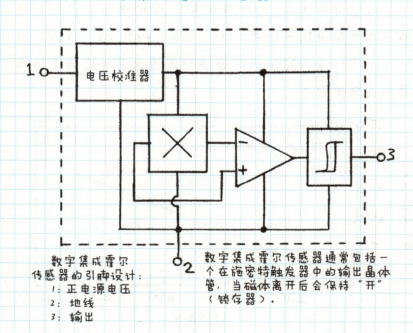

数字集成霍尔
传感器的引脚设计：
1：正电源电压
2：地线
3：输出

数字集成霍尔传感器通常包括一
个在施密特触发器中的输出晶体
管，当磁体离开后会保持"开"
（锁存器）。

3.10.8 霍尔传感器＋放大器

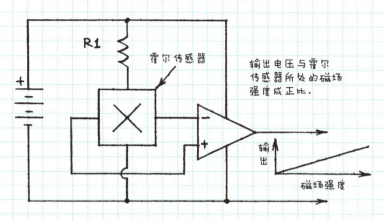

R1

霍尔传感器

输出电压与霍尔传感器所处的磁场强度成正比.

输出

磁场强度

3.10.9 集成线性霍尔传感器

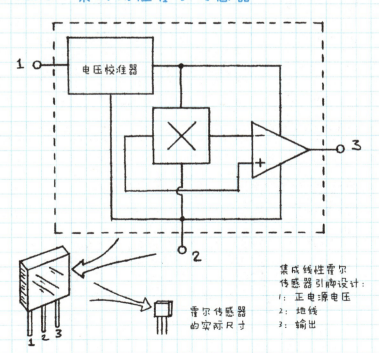

电压校准器

1

3

2

霍尔传感器的实际尺寸

集成线性霍尔传感器引脚设计:
1: 正电源电压
2: 地线
3: 输出

1 2 3

3.10.10 霍尔传感器规格

下面列举了一些对于常见的霍尔传感器来说很重要的参数规格.

所有的传感器都可以接受无限的磁通密度, 注意不要超过最大电源电压	最小电源电压/V	最大电源电压/V	输出电流/mA
A3515 比率传感器	4.5	8	10
A3141 非极性开关	4.5	24	25
UGX3132 双极开关	4.5	24	25
A3187 闪锁开关	3.8	30	25
UGQ3140 功率开关	4.5	24	300
A3422 方位传感器	4.5	18	30
ATS610 齿轮齿传感器	4.5	16	25

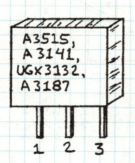

A3515,
A3141,
UGX3132,
A3187

1——电源正极
2——接地
3——输出

1   2   3

引脚草图展示的是从有刻字的那面（前面）看去的. 注意到只有传感器的型号被刻在了上面. 后缀可能会显示.

3.10.11 高斯计的基本结构

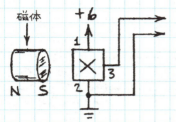

磁体

+6

连接到数字万用表
（设置为毫伏量程）

使用A3515比率传感器。在没有磁体时输出为1/2电源电压。磁体的N极靠近会增加输出，磁体的S极靠近会降低输出。

输出变化为25mV/Gs

3.10.12 功率霍尔传感器

    大多数霍尔传感器不能直接驱动白炽灯、继电器、小电动机或是其他驱动电流超过 10～25mA 的装置。对于这种负载，一个外接的驱动晶体管就显得必要。UGQ5140 霍尔传感器包含了内置驱动晶体管，能够连续不断地输出 300mA 的电流。这种功率霍尔传感器能在很短的时间内达到 900mA，这点时间足够使白炽灯热起来达到其工作电流。

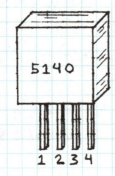

5140

1 2 3 4

引脚1——电源（+4.5～28V）
引脚2——输出（最大300mA）
引脚3——二极管*
引脚4——接地

*二极管引脚可以用来做白炽灯测试功能（可选）

3.10.13 霍尔元件激励白炽灯电路

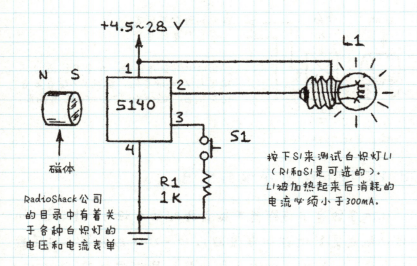

RadioShack公司
的目录中有着关
于各种白炽灯的
电压和电流表单

按下S1来测试白炽灯L1
（R1和S1是可选的）。
L1被加热起来后消耗的
电流必须小于300mA。

3.11 霍尔传感器操作提示

　　霍尔传感器很容易使用。它们不会被污渍和油污所
影响，因此霍尔传感器可以用在无法使用光电传感器的
地方。它们有着非常宽的温度工作区间（典型值为
—40～+85℃）。而极端的磁场变化情况也不会损害霍尔
器件。

　　霍尔传感器对于机械压力和过高的电源电压非常敏
感。因此，安装使用霍尔传感器时阅读下面的指导是很重
要的。

　　供电电源—最好让霍尔传感器在可允许最低工作电

压下工作, 千万不要超过最大可允许电压!

安装霍尔传感器——霍尔传感器通常有一面含有黏合剂. 最好的方式, 是使用填充环氧树脂. 千万不要使用氰基丙烯酸盐黏合剂! 这种黏合剂会起皱, 很容易产生机械应力, 从而改变霍尔传感器的输出.

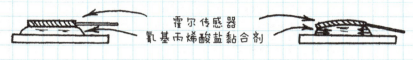

霍尔传感器
氰基丙烯酸盐黏合剂

最初平放的霍尔传感器 　　　　　　　黏合剂起皱,
　　　　　　　　　　　　　　　　弯曲了霍尔传感器

封装霍尔传感器——当把霍尔传感器固定在一个表面, 用注胶或是环氧树脂封装可能导致产生机械应力, 从而改变霍尔传感器的输出. 封装时温度的变化也可能导致产生机械应力. 因此, 最好不封装霍尔传感器.

3.11.1 霍尔传感器的磁体分割

理想情况下, 磁场强度与距磁体距离的平方成反比. 在离磁体3cm处的磁场强度只有离磁体1cm处的磁场强度的1/9. 如下图所示, 现实世界中, 这种关系并不那么理想——至少没那么容易测量.

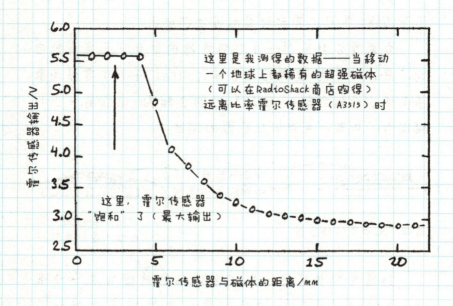

这里是我测得的数据——当移动
一个地球上都稀有的超强磁体
（可以在 RadioShack 商店购得）
远离比率霍尔传感器（A3515）时

这里, 霍尔传感器
"饱和"了（最大输出）

霍尔传感器与磁体的距离/mm

3.11.2　通量集中器

通量集中器, 用低碳钢制作. 能够集中磁场强度的钢钉也可以作为实验用通量集中器. 为达到最好的效果, 通量集中器末端的直径应与霍尔传感器芯片近似.

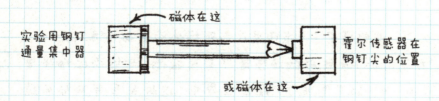

实验用钢钉
通量集中器

磁体在这

或磁体在这

霍尔传感器在
钢钉尖的位置

3.11.3　最优磁体排布

在设计霍尔效应电路前, 提前计划是很重要的. 最好在搭建最终版电路前先搭建测试用电路。这将允许你测试电路对于多种磁体和磁场的响应。

3.11.4 正面操作

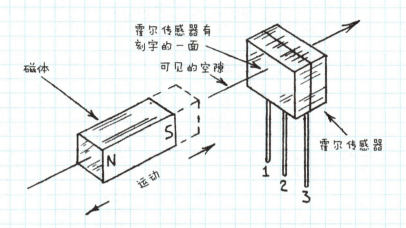

3.11.5 侧面操作

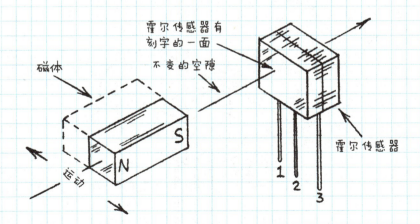

3.11.6　推-推操作

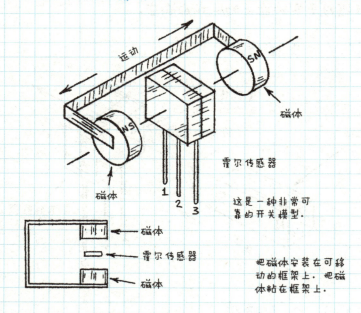

运动

SN

磁体

霍尔传感器

1
2
3

这是一种非常可靠的开关模型.

磁体

霍尔传感器

磁体

把磁体安装在可移动的框架上. 把磁体粘在框架上.

3.11.7　推-拉操作

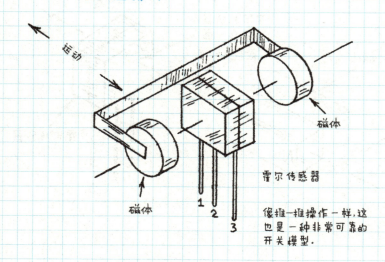

运动

磁体

霍尔传感器

磁体

1
2
3

像推-推操作一样,这也是一种非常可靠的开关模型.

3.12 连接数字传感器

这里以操作 UGX3132 为例. 这种接口在 A3141、A3187 上也有.

3.12.1 LED 连接

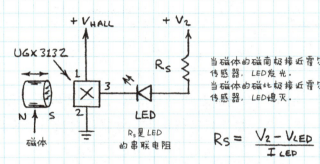

当磁体的磁南极接近霍尔传感器, LED 发光.
当磁体的磁北极接近霍尔传感器, LED 熄灭.

R_s 是 LED 的串联电阻

$$R_S = \frac{V_2 - V_{LED}}{I_{LED}}$$

对大多数能见到的 LED, V_{LED} 是 $2 \sim 3V$, I_{LED} (LED 电流) 是 10mA, V_2 是 4V, $R_S = (6V - 3V)/0.01A = 300\Omega$. 所以在大多数应用中, 使用 $270 \sim 330\Omega$ 是可行的.

3.12.2 晶体管连接

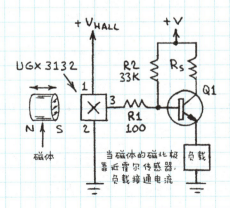

当磁体的磁北极靠近霍尔传感器, 负载接通电流

Q1 是 NPN 型开关晶体管 (2N222、MPS2222 等). 负载是发热灯、继电器等用电器. 选择 R_S, 保证流过 Q1 的电流不超过其最大允许值. 当磁体的磁南极靠近霍尔传感器, 负载关断.

3.12.3 TTL 逻辑门连接

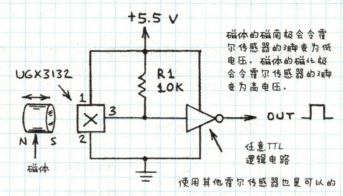

+5.5 V

UGX3132

R1
10K

1

3

2

N S

磁体

OUT

磁体的磁南极会令霍
尔传感器的3脚变为低
电压. 磁体的磁北极
会令霍尔传感器的3脚
变为高电压.

任意 TTL
逻辑电路

使用其他霍尔传感器也是可以的

这个电路可以使用老式 TTL 逻辑门, 也可以使用新的低功耗 TTL 逻辑门. 霍尔传感器与 TTL 逻辑门共用一个电源.

3.12.4 CMOS 逻辑门连接

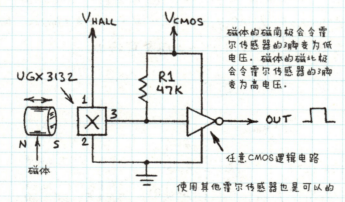

V_{HALL}

V_{CMOS}

UGX3132

R1
47K

1

3

2

N S

磁体

OUT

磁体的磁南极会令霍
尔传感器的3脚变为低
电压. 磁体的磁北极
会令霍尔传感器的3脚
变为高电压.

任意 CMOS 逻辑电路

使用其他霍尔传感器也是可以的

如果可能的话, 最好让霍尔传感器与 CMOS 逻辑门共用一个电源.

如果不满足的话, 保证霍尔传感器的电压不高于 CMOS 逻辑门的电压. 请遵从 CMOS 使用注意事项.

3.13 电路应用

3.13.1 铁金属指示器

当一个铁金属物体离霍尔传感器 1cm 以内时，这个电路会有显示。

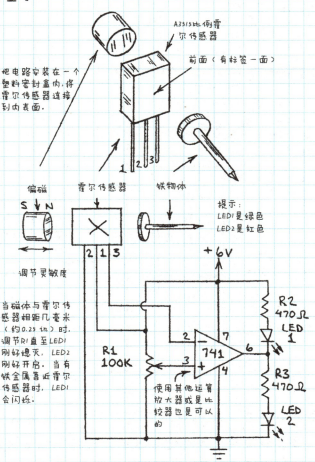

A3313比例霍尔传感器

前面（有标签一面）

把电路安装在一个塑料密封盒内，将霍尔传感器连接到内表面。

1 2 3

偏磁

S N

调节灵敏度

霍尔传感器

铁物体

提示：
LED1是绿色
LED2是红色

+6V

当磁体与霍尔传感器相距几毫米（约0.23 in）时，调节R1直至LED1刚好熄灭，LED2刚好开启。当有铁金属靠近霍尔传感器时，LED1会闪烁。

R1
100K

R2
470Ω

LED
1

741

2
3
7
6
4

R3
470Ω

LED
2

使用其他运算放大器或是比较器也是可以的

131

3.13.2 霍尔传感器继电器

　　电磁继电器的可动触点可产生令人不悦的点击声. 容易磨损并且易受油污和灰尘的影响. 在某些应用中, 霍尔传感器可以代替继电器的触点.

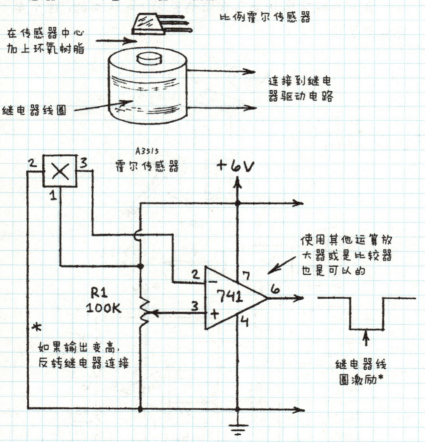

　　调节 R1 使得 6 脚刚好处于高电平. 当继电器线圈通电, 6 脚变为低电平. 改变继电器钢芯的剩余磁量对于调节

R1 是必要的.

3. 13. 3 水平指示器

　　这个电路是一个电子水平指示器. 当钢制小球处于静止状态, 它将被传感器感知.

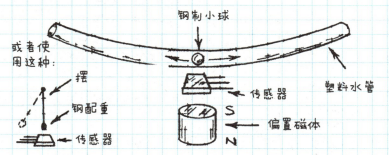

钢制小球

或者使用这种:

摆

钢配重

传感器

传感器

塑料水管

偏置磁体

S

N

　　最初的电路模型是用的钢制 BB 弹在一个平缓弯曲的管中. 小球越圆滑, 工作效果越好.

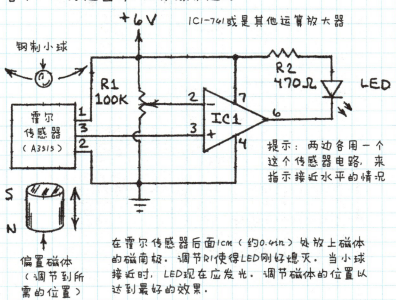

+6V

IC1-741或是其他运算放大器

钢制小球

霍尔传感器
(A3515)

R1
100K

R2
470Ω

LED

IC1

提示: 两边各用一个这个传感器电路, 来指示接近水平的情况

S

N

偏置磁体
(调节到所需的位置)

在霍尔传感器后面1cm (约0.4in) 处放上磁体的磁南极. 调节R1使得LED刚好熄灭. 当小球接近时, LED现在应发光. 调节磁体的位置以达到最好的效果.

3.13.4 磁体位置探测器

当磁体到达预定位置,这个电路会给出指示.可以通过调节比例霍尔传感器来调节预定距离.

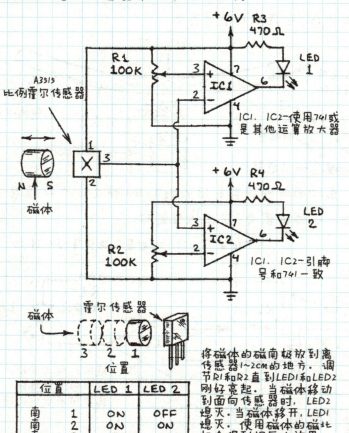

位置		LED 1	LED 2
南	1	ON	OFF
南	2	ON	ON
南	3	OFF	ON
北	1	OFF	ON
北	2	ON	ON
北	3	ON	OFF

将磁体的磁南极放到离传感器1~2cm的地方.调节R1和R2直到LED1和LED2刚好亮起.当磁体移动到面向传感器时,LED2熄灭.当磁体移开,LED1熄灭.使用磁体的磁北极会得到相反的效果.

3.13.5 双输出霍尔传感器

一对背靠背的霍尔传感器构成双输出磁体传感器。可以用数字霍尔传感器和比例霍尔传感器构成。比例霍尔传感器会提供高灵敏性。

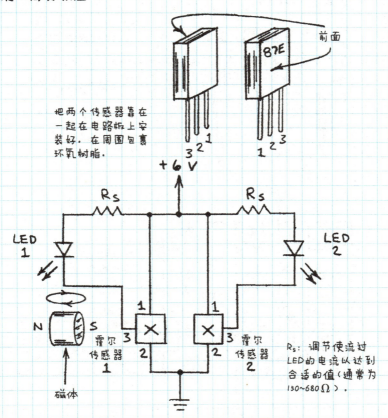

把两个传感器靠在一起在电路板上安装好。在周围包裹环氧树脂。

R_s：调节使流过LED的电流以达到合适的值（通常为150~680Ω）。

霍尔传感器1的磁极	数字		比例	
	LED1	LED2	LED1	LED2
N	OFF	ON	ON	OFF
S	ON	OFF	OFF	ON

3.13.6　场强条形图

一个线性或是比例霍尔传感器能够测量磁场强度.
这个电路显示了如何用多个（3个以上）数字霍尔传感器在
LED条上来显示磁场强度.

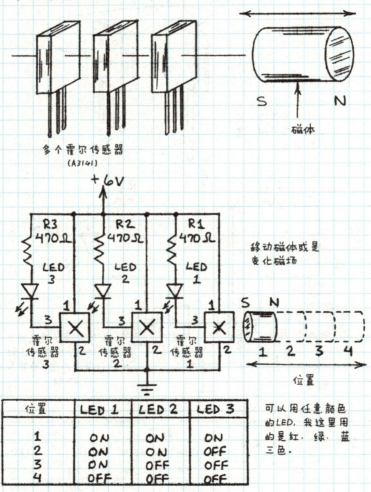

多个霍尔传感器
(A3141)

磁体

+6V

R3 470Ω　R2 470Ω　R1 470Ω

LED 3　LED 2　LED 1

霍尔传感器 3　霍尔传感器 2　霍尔传感器 1

移动磁体或是变化磁场

S N

1　2　3　4

位置

可以用任意颜色
的LED,我这里用
的是红,绿,蓝
三色.

位置	LED 1	LED 2	LED 3
1	ON	ON	ON
2	ON	ON	OFF
3	ON	OFF	OFF
4	OFF	OFF	OFF

3.13.7 霍尔传感器方向指示器

两个或更多的霍尔传感器边靠边地并在一起可以指示出附近磁体的移动方向.

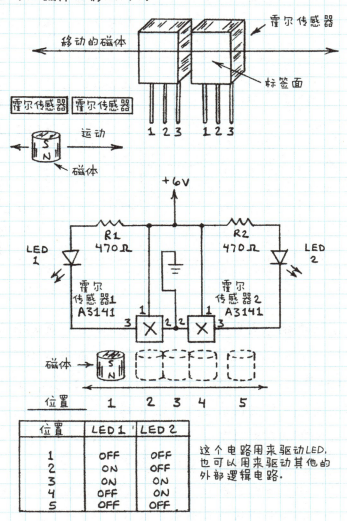

位置	LED1	LED2
1	OFF	OFF
2	ON	OFF
3	ON	ON
4	OFF	ON
5	OFF	OFF

这个电路用来驱动LED, 也可以用来驱动其他的外部逻辑电路.

137

3.13.8 超敏感磁体开关

一个超敏感磁体开关可以用两个背靠背的霍尔传感器连接到一个运算放大器或是比较器上来实现.

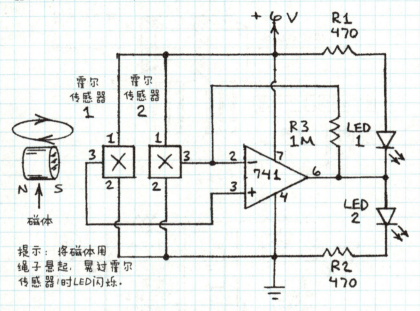

提示: 将磁体用绳子悬起, 晃过霍尔传感器1时LED闪烁.

当一个磁体离电路15cm（约6in）时, 这个电路会有所响应. 当没有磁体或是磁体的磁南极靠近霍尔传感器1时, LED2 亮起. 磁体的磁北极靠近霍尔传感器1时, LED1 亮起. 使用不同颜色的 LED 来区分 LED1 和 LED2.

许多霍尔传感器背靠背在一起时, 霍尔传感器1（在侧面应有数字）是离磁体最近的那个.

虽然这个电路是驱动 LED 的, 但是它也可以驱动其他装置. 使用适当的接口电路就可以了.

3.13.9　磁体音乐

从比例（线性）霍尔传感器输出的电压能控制一个电压-频率变流器。这可以制作一个频率受磁场控制的音乐电路.

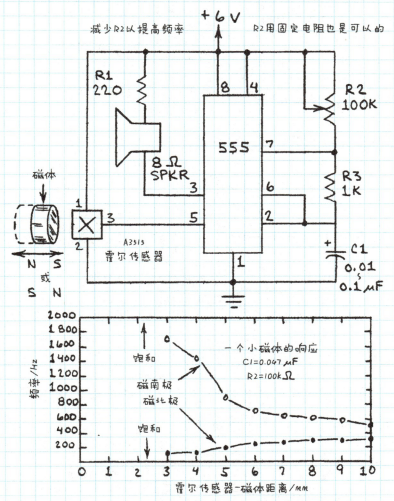

一个小磁体的响应
C1=0.047μF
R2=100kΩ

3.13.10　音乐钟摆

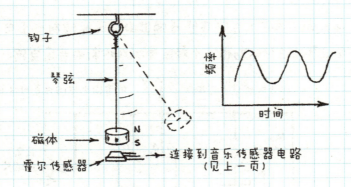

钓子

琴弦

磁体

霍尔传感器

N
S

连接到音乐传感器电路
（见上一页）

3.13.11　阻尼振荡音调

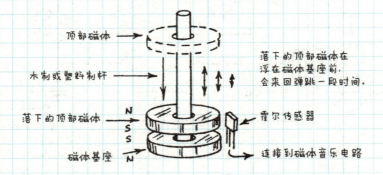

顶部磁体

木制或塑料制杆

落下的顶部磁体

磁体基座

落下的顶部磁体在
浮在磁体基座前，
会来回弹跳一段时间。

霍尔传感器

连接到磁体音乐电路

N
S
S
N

3.13.12　压力敏感音调

　　按压并释放悬浮的磁体（前文所示）或是像下面这样把磁体安在一个柔韧的梁上。

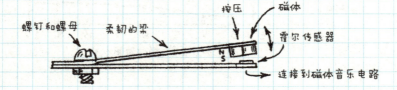

螺钉和螺母

柔韧的梁

按压

磁体

霍尔传感器

连接到磁体音乐电路

N
S

3.13.13   超敏感磁场传感器

一个廉价的罗盘是一个比霍尔传感器更灵敏的探测磁场的装置. 将比例霍尔传感器和罗盘结合起来, 制成超敏感磁场传感器.

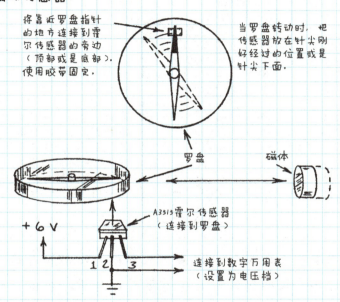

将靠近罗盘指针的地方连接到霍尔传感器的旁边(顶部或是底部). 使用胶带固定.

当罗盘转动时, 把传感器放在针尖刚好经过的位置或是针尖下面.

罗盘

磁体

A3515霍尔传感器(连接到罗盘)

+ 6 V

1 2 3

连接到数字万用表(设置为电压档)

这样布置后, 这个装置能探测到远离罗盘1m(约3ft)外的强磁体的移动. 电压的变化可能只有10mV(0.010V)或者更小. 因此最好使用数字万用表.

将这个装置连接到电压-频率电路. 当罗盘指针经过霍尔传感器时, 频率发生变化, 产生音调.

3.13.14   超敏感磁场开关

这个电路当磁体放置在远离罗盘高达1m(3ft时)的

141

地方时，会激励 LED．

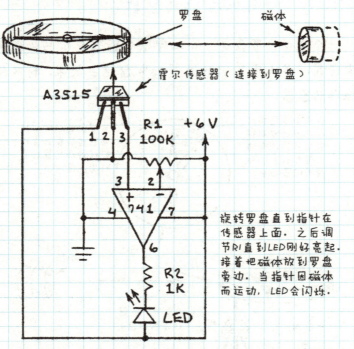

罗盘

磁体

霍尔传感器（连接到罗盘）

A3515

R1 100K +6V

1 2 3

3 2 741 + − 4 7

6

R2 1K

LED

旋转罗盘直到指针在传感器上面．之后调节R1直到LED刚好亮起．接着把磁体放到罗盘旁边．当指针因磁体而运动，LED会闪烁．

有关这个电路：741 运算放大器作为比较器连接时是低功耗的．比较器输出为高电平或低电平．在这个电路中，当霍尔传感器输出电压约为 0.01V，比 741 2 脚的电压高时，输出从低电平转为高电平．

许多不同的运算放大器都可以在这个电路中工作．确定连接正确的引脚．R2 可以减小到 470Ω．LED 可以用低压压电蜂鸣器替代．

3.13.15 巨型罗盘磁力仪

地磁风暴由太阳活动产生，会导致大功率设备停电和极光。由于地球磁场的改变，导致罗盘指针磁北极偏离。

这里所说的巨型罗盘磁力仪将显示出由于地磁风暴导致的

罗盘偏离。一个比较小的版本用反射光来表明偏离，这个

版本由罗恩·J.利维塞在《天空 & 望远镜》里提出（1989 年

10 月，第 426～432 页）

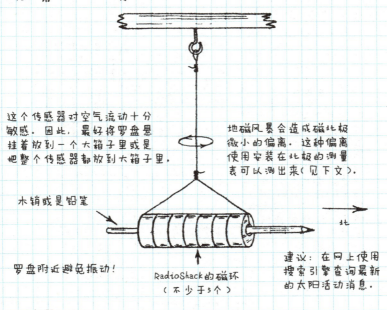

这个传感器对空气流动十分
敏感。因此，最好将罗盘悬
挂着放到一个大箱子里或是
把整个传感器都放到大箱子里。

地磁风暴会造成磁北极
微小的偏离。这种偏离
使用安装在北极的测量
表可以测出来（见下文）。

木销或是铅笔

北

罗盘附近避免振动！

RadioShack 的磁环
（不少于 5 个）

建议：在网上使用
搜索引擎查询最新
的太阳活动消息。

容器

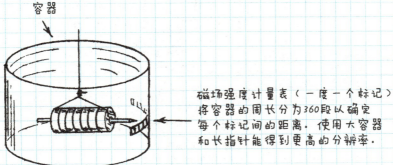

磁场强度计量表（一度一个标记）
将容器的周长分为 360 段以确定
每个标记间的距离。使用大容器
和长指针能得到更高的分辨率。

3.13.16 霍尔传感器"指北针"

比例霍尔传感器能探测磁北极。在我所在的得克萨斯州中部，当传感器指向北方时，比例霍尔传感器的输出要比传感器指向其他地方高几微伏。这点电压已经足够驱动这个电路了。

调节R1直到IC1 6脚的电压在最高和最低电平之间。将电路带出户外远离电源线和大型金属物体的地方。旋转电路直到霍尔传感器正面对准北方。调节R4直到LED1刚好亮起，LED2刚好熄灭。旋转电路板面对东方或是西方，LED1将熄灭，LED2将亮起。

提示：可以通过使用一个长钉作为通量集中器来增加敏感度（见上文）。

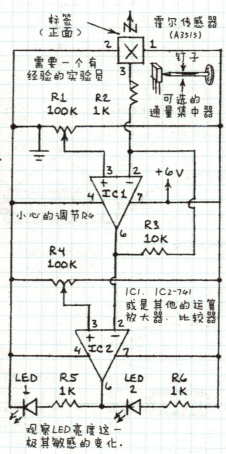

标签（正面）

霍尔传感器（A3515）

需要一个有经验的实验员

钉子

可选的通量集中器

R1 100K   R2 1K

+6V

小心的调节R4

R3 10K

R4 100K

IC1、IC2-741或是其他的运算放大器、比较器

LED 1   R5 1K   LED 2   R6 1K

观察LED亮度这一极其敏感的变化。

3.13.17 特殊霍尔传感器

A3422 方向传感器

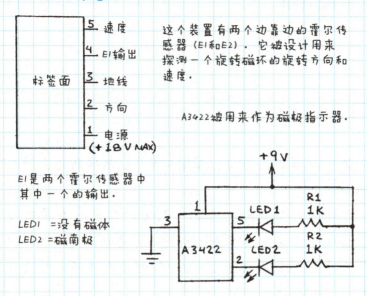

5 速度
4 E1输出
3 地线
2 方向
1 电源
(+18V MAX)

标签面

这个装置有两个边靠边的霍尔传感器（E1和E2）。它被设计用来探测一个旋转磁环的旋转方向和速度。

A3422被用来作为磁极指示器。

E1是两个霍尔传感器中其中一个的输出。

LED1 =没有磁体
LED2 =磁南极

+9V

LED1 R1 1K
A3422
LED2 R2 1K

ATS610 齿轮传感器

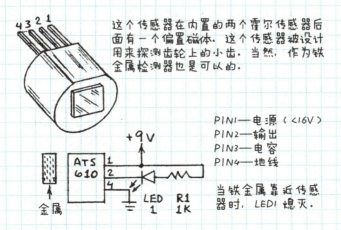

4 3 2 1

这个传感器在内置的两个霍尔传感器后面有一个偏置磁体。这个传感器被设计用来探测齿轮上的小齿。当然，作为铁金属检测器也是可以的。

PIN1—电源（<16V）
PIN2—输出
PIN3—电容
PIN4—地线

当铁金属靠近传感器时，LED1熄灭。

ATS 610
1
2
4
金属

LED 1 R1 1K

+9V

4

太阳电池工程

4.1 概述

太阳电池是用薄的硅圆做成的，它能将光能直接转化成电能。

太阳电池和太阳电池组等发电的应用一直是很重要的。因此本章会包含了太阳和光能的基本信息，太阳电池和太阳电池组是如何充放电的，同时还会涉及一些直接给某些电路供电的知识。

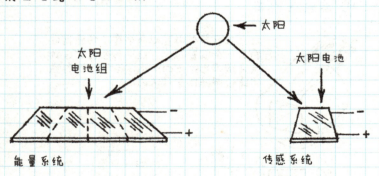

太阳电池组 ← 太阳 → 太阳电池

能量系统

1. 充放电。
2. 直接作为电路电源。

传感系统

1. 检测太阳光。
2. 检测从 LED 发热灯和其他光源发出的光。

很重要的一点是，太阳电池里有许多应用和太阳能是没有关系的。这是因为太阳电池作为相对廉价的光传感器工作时效果很好。本书写了很多用太阳电池作为光传感器的例子。我们也会给出许多用太阳电池作为光传感器的电路。

4.2 太阳能的里程碑

几千年前人们用阳光使自己的住所变暖。苏格拉底（公元前470年—前399年）认为选择房屋地点是很重要的，好的地点能够使太阳光线在冬天温暖房屋内部。

这里列举了历史上太阳能发展的"高光时刻"：

破坏罗马舰船（公元前212年）——阿基米德记录了通过反射太阳光而点燃了罗马侵略者的舰船。

熔化宝石（1695）——两个意大利实验者成功地通过聚焦太阳光熔化了一颗宝石。

阳光熔炉（1774）——法国实验者安托万·劳伦特·拉瓦锡制作了一个太阳熔炉并熔化了铂金。

太阳能印刷机（1878）——一个巨大的抛物面反射镜收集到了足够的阳光并驱动了一台印刷机。

太阳蒸汽机（1901）——亚利桑那州的 A. G. 埃内亚斯设计了一个太阳能蒸汽机并成功实现抽水灌溉。太阳能通过 1788 面镜子收集，这些镜子被固定在高 33.5ft（10m）的类似于伞的巨大的固定装置上。

太阳能发动机（1908）——约翰·博伊尔和H.E.威尔西演示了一台15马力的发动机。这个发动机的能量用的是一池子水收集并存储的太阳能。

太阳能发电厂（1913）——弗兰克·舒曼和C.V.博伊斯建造了世界上第一个太阳能发电厂，该发电厂位于埃及的开罗。这个巨大的设备有七个太阳能收集器，每个204ft（62m）长。收集器共占地13000ft²（1208m²）。这些设备能自动跟踪太阳。

太阳能烤箱（1925）——美国史密森学会的C.G.艾宝用太阳能烤箱制作了一道菜。他的阳光从加利福尼亚州的威尔逊天文台获得。

太阳能熔炉（20世纪50年代）——法国科学家费利克斯·特隆布设计了世界上最大的太阳能熔炉。这个装置有9000面镜子，安装在一栋建筑的一侧，能达到太阳表面的温度——10000°F（5538℃）。

硅太阳电池（1954）——贝尔实验室杰拉尔德·皮尔森·达丽尔·查宾和加尔文·富勒成功发明了第一块硅太阳电池。这个新生事物发展为现代的光电转换。

中东石油危机（20世纪70年代）——20世纪70年代的中东石油危机极大地刺激了新型太阳能的研究。老式太阳能系统被改进，新式太阳能系统得到发展。

超薄太阳电池（20世纪80年代）——许多种类的太阳电池得到发展，但是基于硅和其他半导体的超薄太阳电池才是关键。它们远比标准硅太阳电池大，却像一张纸一样柔软.

4.3 太阳中的能量

太阳发射出的电磁辐射量之大令人惊叹. 总辐射能是 3.83×10^{23} kW. 这种能量的大多数在宇宙空间中损失掉了, 只有很小一部分被地球和其他星球所截获. 根据太阳能行业协会 (SEIA) 所提供的数据, 假设美国 0.3% 的土地面积覆盖上光伏太阳电池模块, 所产生的电量够全美国使用.

4.4 太阳常数

地球大气顶层太阳光的平均量叫作太阳常数. 几颗卫星的测量结果显示太阳常数是 1368W/m^2.

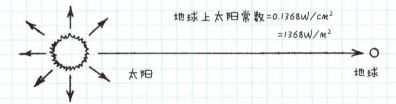

地球上太阳常数 $= 0.1368 \text{W/cm}^2$
$= 1368 \text{W/m}^2$

太阳　　　　　　　　　　地球

地球上的太阳光密度是变化的. 这是因为地球绕太阳的轨道是椭圆形的. 地球到太阳的平均长度是 92957130mile (149600000km). 1 月初大约是 91357130mile, 离太阳最近. 7 月初大约是 94557130mile, 离太阳最远.

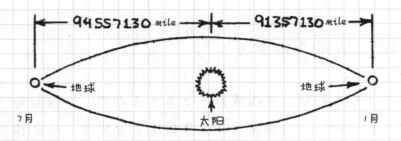

太阳光密度在近日点和远日点相差 6.7% . 使用太阳常量表可以找到每月第一天的太阳常量.

太阳常量表

计算太阳常量的平均值（1368W/m² 或 136.8mW/cm²）. 通过表中校正后的数字, 就可以找到给定日期的实际辐射强度.

1 月	1.0335	7 月	0.9666
2 月	1.0288	8 月	0.9709
3 月	1.0173	9 月	0.9828
4 月	1.0009	10 月	0.9995
5 月	0.9841	11 月	1.0164
6 月	0.9741	12 月	1.0288

例: 5 月 1 日太阳在大气的辐射强度是多少?

辐射强度在 5 月 1 日是 0.9841 个太阳常量, 因此 5 月 1 日辐射强度为 0.9841 ×136.8 = 134.625mW/cm².

4.5 阳光和大气层

卫星上的太阳电池要比地球表面的太阳电池多吸收至少15%的太阳能。比如,7月1日中午,如果没有云层阻挡,美国新墨西哥州阿尔布开克的太阳光辐射强度为 $100mV/cm^2$。从太阳常数表中看到,7月1日大气层顶端的太阳光辐射强度为 $0.9666 \times 136.8 = 132.2mW/cm^2$。因此7月1日仅仅有大气层顶端的太阳光密度的75.6%到达了阿尔布开克。阿尔布开克在海拔1mile(1.6km)处,并且空气干燥。在海平面附近会缺乏光照,特别是空气潮湿的地方。在冬季有云层阻挡的时候,到达任何地方的阳光都将会更少。

这里列举了影响阳光的主要因素:

1. 水蒸气.臭氧层和其他大气中的气体会吸收阳光.

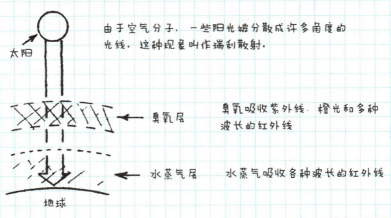

由于空气分子,一些阳光被分散成许多角度的光线.这种现象叫作瑞利散射.

臭氧吸收紫外线.橙光和多种波长的红外线

水蒸气吸收各种波长的红外线

2. 悬浮微粒是大气中的小微粒和小水滴.悬浮微粒能吸收相当可观的阳光或是将阳光散射或是反射回宇

宙里.

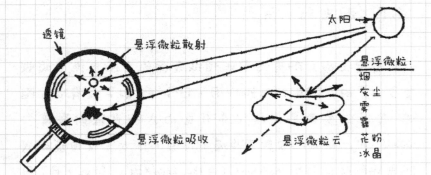

3. 云是由数量巨大的小液滴或是小冰晶形成. 云能够吸收并散射阳光.

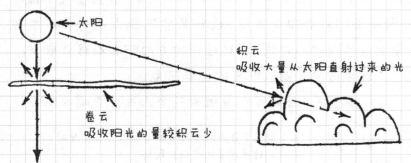

4. 地轴倾斜导致在春、秋、冬季节, 太阳光要穿透更多的大气层.

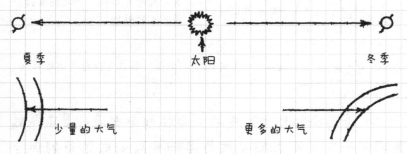

4.6 太阳电池

许多半导体都能从阳光中产生电。最常见、发展最好的是硅太阳电池。由于硅在地壳中占比为 27.7%，因此硅太阳电池可能比较便宜。但是把硅变为太阳电池是一个昂贵的过程，需要相当多的电力。

4.6.1 太阳电池工作原理

光是由能量包构成的，这种能量包叫光子，以波的形式传播。当光子遇到硅原子，它们将电子驱逐走。失去的电子留下了带正电的微粒。这种微粒会吸引硅中的自由电子。这种电子的随机运动如果在硅内部形成 PN 结，会转化成电子流。被光子驱逐走的电子会聚集在 PN 结 P 区一侧。这样的结果是当光照出现时，会形成电流。电流的大小与光照强度成正比。电流的电势与光强无关。典型的硅太阳电池在太阳直射下能产生 0.45~0.55V 的电压。

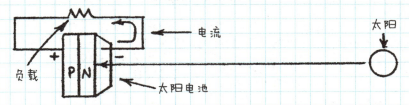

4.6.2 太阳电池效率

如果每个光子都能驱逐走太阳电池内的电子，那么电

池将运走几乎100%的光并将其变为电能。实际上太阳电
池的效率约为5%~20%。有以下几个原因造成效率
降低:

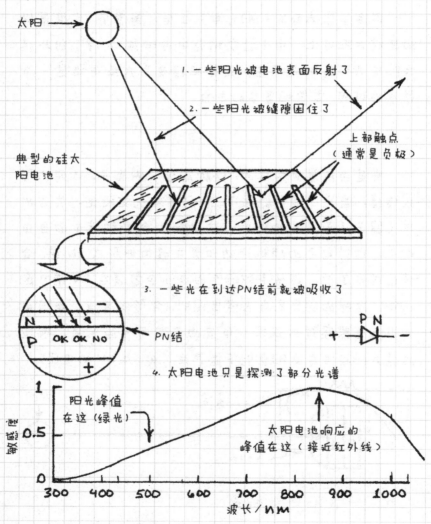

太阳 →

1. 一些阳光被电池表面反射了

2. 一些阳光被缝隙困住了

上部触点
(通常是负极)

典型的硅太
阳电池

3. 一些光在到达PN结前就被吸收了

N
P   OK OK NO ← PN结

P N
+ ▷ ⊢ —

4. 太阳电池只是探测了部分光谱

阳光峰值
在这(绿光)

太阳电池响应的
峰值在这(接近红外线)

敏感度

1
0.5
0
300 400 500 600 700 800 900 1000
波长/nm

4.6.3 硅太阳电池的规格

对于太阳电池的规格是很重要的，特别是当太阳电池用于存储·释放电能的时候。

4.6.4 硅太阳电池的电压

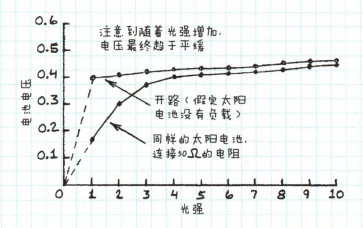

注意到随着光强增加，电压最终趋于平缓

开路（假定太阳电池没有负载）

同样的太阳电池，连接50Ω的电阻

4.6.5 太阳电池电压的增加

当太阳电池作为充放电电池时，几个电池必须串联以获取足够的电压．

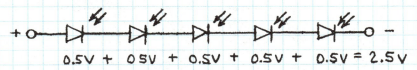

$$0.5V + 0.5V + 0.5V + 0.5V + 0.5V = 2.5V$$

典型的太阳电池串联：

太阳电池串联或并联在一起，形成太阳电池组。太阳电池组的每个电池应该被均等照射。一个太阳电池组里当一个太阳电池处于阴影中，额定输出 6.3V 的太阳电池组输出会降至 6.2V。

4.6.6 硅太阳电池的电流

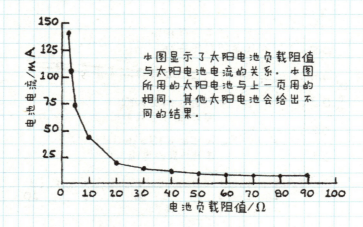

本图显示了太阳电池负载阻值与太阳电池电流的关系。本图所用的太阳电池与上一页用的相同。其他太阳电池会给出不同的结果。

4.6.7 太阳电池电流的增加

将太阳电池并联可以增加输出电流。这在给大容量电池充电时非常有用。

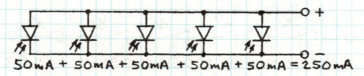

50mA + 50mA + 50mA + 50mA + 50mA = 250mA

典型的太阳电池并联：

4.6.8 太阳电池的引线焊接

销售的太阳电池是没有引线的。在太阳电池上焊接引线是很复杂的，价格昂贵。但是如果你想省钱的话，你可以使用回流焊的方法自己焊接。这里对回流焊进行介绍。太阳电池是易碎品，使用时要小心。

合适的电烙铁和焊锡可以在 RadioShack 商店买到。使用一个 15~30W 的低功率电烙铁。使用 0.032in 或是更细的松香芯焊锡。不要使用酸芯焊锡。

在电烙铁尖端镀上一层锡。首先，保证电烙铁足够热以熔化锡。接下来让熔化的锡包裹电烙铁尖端。用柔软的湿布擦去多余的锡。避免将锡溅射到你自己或是他人身上。一个合格的镀锡应该是平滑、光亮的。

按以下几步将引线焊到太阳电池上：

1. 找一个安全的地方工作。电烙铁的电源线放置在安全的地方是很重要的，要保证电源插座就在电烙铁附近。注意：热的电烙铁能烧伤皮肤，烧坏衣服。

2. 硅太阳电池两面都有电极。光敏面，也就是上面的电极，有一个沿着太阳电池一边的细金属带。将太阳电池在你的工作台（最好是一块木板）正面朝上，在你焊接前用一条胶带固定。

3. 当电烙铁热了后，轻轻地触碰太阳电池上面电极的末端，就像下图所示：

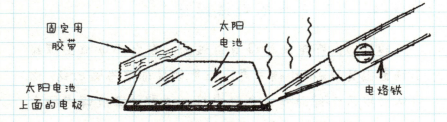

4. 几秒钟后，用一节长焊锡触碰电烙铁附近的电极，让一些焊锡熔化在电极上后移走电烙铁。

5. 移除一根引线末端0.2in（5mm）的绝缘层。将引线末端暴露的导线沿着电极上熔化的焊锡放上去。用电烙铁按压引线并重新熔化焊锡。当引线进入熔化的焊锡里时，保持引线不动并移走电烙铁。

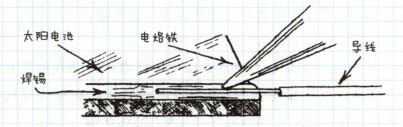

6. 等太阳电池冷却后，轻轻地移开胶带，将太阳电池翻转过来用胶带再次固定。按照步骤3～5将背面电极也焊上一根导线。切记在导线进入熔化的焊锡之后，要保持引线不动直到焊锡冷却。

4.6.9　太阳电池的封装

太阳电池可以不封装或是装上多种保护性封闭外

壳。最好把未封装的太阳电池安装上一个封闭外壳或是安装在嵌板上。两种方法我将在这里描述。

4.6.10 封装太阳电池的好处

1. 太阳电池较脆，容易损坏。封装能极大地降低损坏概率。

2. 太阳电池的焊接引线的焊点很容易被拉开。封装太阳电池能保护引线。

3. 封装外壳和嵌板可应用在大功率电路上。

4. 封装外壳和嵌板可以使太阳电池免受水汽的影响。

4.6.11 在一个封闭外壳中封装太阳电池

一个或多个太阳电池可以很容易地封装在透明盒子中。

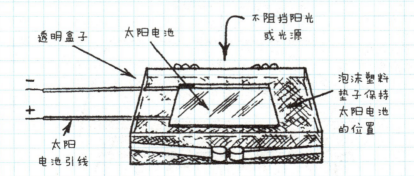

上一页的图显示了太阳电池夹在泡沫塑料垫子和透明塑料盒子的盖子中的三明治结构。你也可以把电池夹在盖子和盖在盖子里的塑料或纸板衬垫上，然后粘在一起。

我曾经一个人将 RadioShack 商店的太阳电池安装在一个塑料盒子里作为光传感器，没有破坏太阳电池或是它的引线。至于串联或并联的太阳电池组，可以安装在一个大的塑料盒子里，用短的引线将盒子里的太阳电池连在一起。用上一页所示的图或上文所描述的方法保证太阳电池的安全。保证电池间的连线连通，不要在任何一个电池处发生阻塞。

4.6.12　在一个嵌板中封装太阳电池

几年前我使用过自制太阳电池嵌板用以在自行车旅行中充电池。这是它的制作方法：

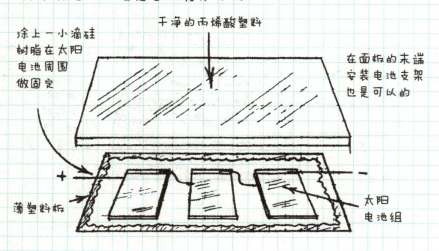

涂上一小滴硅树脂在太阳电池周围做固定

干净的丙烯酸塑料

在面板的末端安装电池支架也是可以的

薄塑料板

＋

－

太阳电池组

4.7 太阳能的集中器

太阳电池集中器增加了太阳电池吸收阳光的量。集中器最好用在太阳电池作为光传感器时的各种电路应用中，而不是用在太阳电池用于功率发电时。集中器能增加阳光照射的能量。但是集中器并不总是那么实用，因为它会造成太阳电池过热。

4.7.1 抛物面反射镜

大号的可替换灯泡的手电筒中使用的集中器可以用在太阳电池中。将两个太阳电池背靠背地用双面胶粘在一起。将一个电池的正极连接到另一个电池的负极。将剩余的导线通过灯孔延伸。用黏合剂将电池粘在反射镜内部。手电筒外壳有很多空间，可以装下很多种光敏电路。

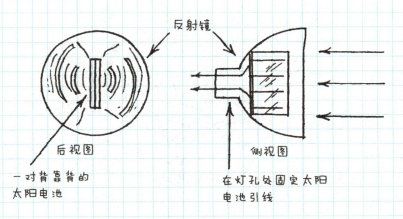

反射镜

后视图

一对背靠背的
太阳电池

侧视图

在灯孔处固定太阳
电池引线

4.7.2　菲涅尔透镜

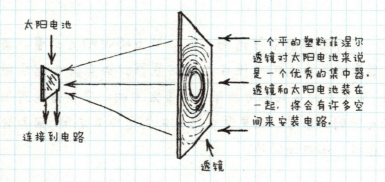

太阳电池

连接到电路

透镜

一个平的塑料菲涅尔透镜对太阳电池来说是一个优秀的集中器.透镜和太阳电池装在一起,将会有许多空间来安装电路.

4.7.3　槽式集中器

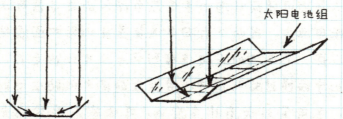

太阳电池组

槽可以用塑料或是钢制作,内壁贴上闪亮的铝带.

4.7.4　盒式集中器

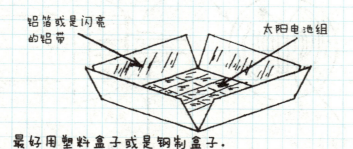

铝箔或是闪亮的铝带

太阳电池组

最好用塑料盒子或是钢制盒子.

4.8 太阳电池充电器

铅酸电池和镍铬电池是最常见的充电电池。某些碱性材料，锂和其他类型的材料也可以制成充电电池。当充电时你一定要观察预警，避免损害电池。预警极大地降低了电池起火甚至爆炸的可能性。如果不合理地给电池充电，会造成电池起火乃至爆炸。

4.8.1 使用电池的注意事项

1. 只能对设计成可充电的电池充电。警告：千万不要对其他种类的电池充电！那样的话电池会过热，膨胀甚至爆炸。

2. 千万不要超过电池的最大允许充电电流。电流过大会减少充电时间，但是会毁了电池。

3. 对多个充电电池充电时，采用串联而不是并联。

串联电池：

4. 电池充电时远离阳光直射。

5. 如果电池在充电过程中变烫，立即断电并移出太阳能充电器。冷却后再使用它。

6. 永远不要短接电池的两个电极！充电电池的内阻非常低。如果电极短接，会产生极大的电流。

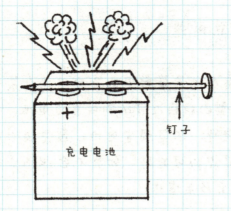

注意：
不要把充电
电池的电极
用钉子、硬
币或是其他
导体短接。

钉子

充电电池

7. 使用绝缘胶布将充电电池暴露的电极粘住。否则的话电极可能偶然地短路在一起。如果可能的话，使用铅制绝缘架或是铅制连接夹。

8. 镍铬电池如果没有充电最好充满电。充电会延长这类电池的使用寿命

9. 面对一个不知道或是没有标记的电池，永远不要去猜测它的规格型号。在 RadioShack 购买的所有电池都可在 RadioShack 的名录下查到规格型号。你可以通过互联网来查询电池的规格型号，在你寻找前确定好搜索引擎。制作商的名字、"电池"等关键字可以缩小你的查询范围。

4.8.2 太阳电池充电

串联起来的太阳电池被用来给其他电池充电。电池组产生的电压略高于充电电压。这里有常见电池充电所

需要的太阳电池数量的配置.

　　1 个 1.2V 铅酸电池—4 个太阳电池

　　2 个 1.2V 铅酸电池组—9 个太阳电池

　　4 个 1.2V 镍铬电池组—18 个太阳电池

　　1 个 12V 铅酸电池—36 个太阳电池

　　太阳能 2 ×AA 充电器

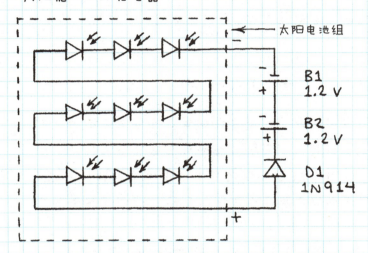

这个电路能够为 2 节 AA 镍铬电池充电. 如果电池要充满, 太阳电池产生的 50～100mA 电流大约要充 5～8h.

　　D1 阻止镍铬电池通过太阳电池放电.

　　太阳能充电提示

　　1. 不要超过充电电池的参考充电率.

　　2. 增加电流以减少充电时间. 查看电池的规格型号, 找到最大允许电流.

　　3. 充电时, 不要用太阳电池组传送过多的电流.

4. 一天充电几小时的话，要重新定位，让太阳能嵌板面向太阳。

5. 太阳电池最好工作在凉爽的环境中。避免将太阳能嵌板放在阳光直射会产生高温的地方，比如深色表面的金属。

6. 充电电池可以装在太阳电池嵌板的背面。但是为了它们能更好地工作，最好充电时还是把它们放在凉爽的地方。

4.8.3 监测太阳能充电

你可以利用万用表来测量太阳电池嵌板的电流。

1. 连接万用表到二极管和正在充电的电池中间。

2. 在二极管和正在充电的电池中间接入 1Ω 电阻。用万用表测量电阻两端电压。利用欧姆定律测量电流。

4.9 将太阳电池放到宇宙中

太阳电池只对阳光光谱的一部分敏感。因此一个太阳电池不仅可以测量大气层顶部光线总强度，甚至你可以把它放在那里。

根据一个太阳电池制造商索瑞克斯的专家所言，太阳电池在外太空能比同样的在地球的太阳电池多产生 14.6% 的能量。让我们欢呼吧，这种表现增加了太阳电池在外太空的效率。

你不必成为一名航天员来判断太阳电池在外太空到底能多产生多少能量. 这里展示了一种方法, 来揭示一个太阳电池在外太空多么的有效率. 按以下几步:

1. 将太阳电池安装在 PVC 或是硬纸管的末端.

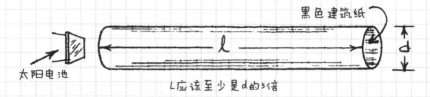

L应该至少是d的5倍

使用双面胶将裸露的太阳电池粘到一个薄纸盘上. 使用黑色胶带将纸盘粘到管子末端. 作为替代, 也可将太阳电池放到一个薄的、干净的塑料盒中, 然后将盒子粘到管子末端. 如果太阳电池比 d 要大, 那么多出的太阳电池要做遮光处理.

其中一种包裹末端的太阳电池的方法是用铝箔. 将铝箔用胶带粘在管子末端. 确保铝箔没有造成短路.

2. 连接太阳电池的引线接入 100Ω 电阻. 电阻在管子周围粘住, 如图所示:

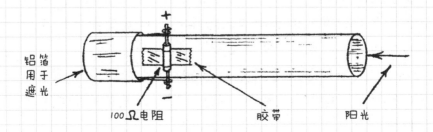

100Ω 电阻　　　　胶带　　　　阳光

167

3. 在一个晴朗的天气，将管子直对太阳，测量100Ω电阻两端的电压。管子要直对太阳，直到影子消失并且100Ω电阻两端的电压达到峰值。

测量从早晨到中午或是中午到下午。如果你身边没有网络的话，你需要在每次测量时同时测量太阳到地平线间的夹角。把你的数据记录在笔记本上，像下面这样：

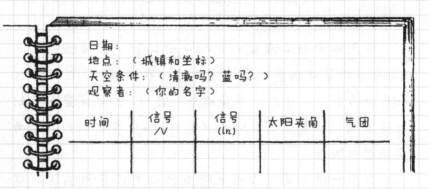

日期：
地点：（城镇和坐标）
天空条件：（清澈吗？蓝吗？）
观察者：（你的名字）

时间	信号 /V	信号 (ln)	太阳夹角	气团

4. 气团（m）是你和太阳间大气的厚度。$m = 1/\sin\theta$，θ是太阳与地平线的夹角。找到你每次测量时的m。使用你测量的太阳夹角，或是在互联网的搜索引擎查询"太阳夹角计算"。检查网址并选择一个计算器，依据指示寻找到每次测量时的太阳夹角。计算每次太阳夹角对应的m并把结果记录在笔记本上。

5. 使用科学计算器上的ln键，转化你测量的信号到自然对数。在你的笔记本上记录结果，这是我的记录的一部分：

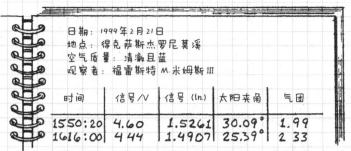

6. 将信号的对数值和气团值绘制在一张图上. 这是我的图:

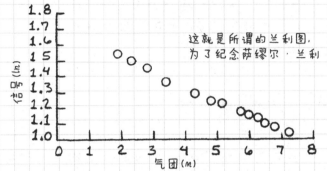

这就是所谓的兰利图,为了纪念萨缪尔·兰利

如果天空清澈, 那么气团为 2~6 的点应该在一条直线上. 在这些点之间画一条线, 扩展至图的 Y 轴. 太阳电池产生的信号的对数值是基于大气, 太阳电池的外太空 (ET) 常数, 就是直线与 Y 轴的交点.

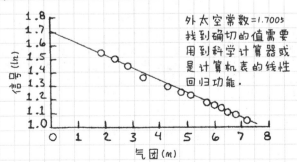

外太空常数=1.7005
找到确切的值需要用到科学计算器或是计算机表的线性回归功能.

7. 使用你计算器上的 e^x 按钮将 ln 中最大的信号（在中午）和外太空常数求出它们的反对数。用外太空常数除以中午的信号值，减去 1，再加上一个"%"号。这是太阳电池在外太空的效率，太阳电池在外太空表现的增量。我自己测量的外太空效率是 10.9%，已经和索瑞克斯给的 14.6% 很接近了。有一些不同是因为兰利的方法更好。兰利的方法有一个狭长的波长带，太阳电池只能探测到 400 ~ 1000nm 的光波。测量时水蒸气和霾的数量也可能造成结果的不同，水蒸气尤为严重，因为它会吸收掉一部分对太阳电池非常敏感的红外线。

4.10 太阳能电动机

一些直流电动机可以被太阳电池驱动。一些电动机只需要一个太阳电池和明亮的阳光，而大多数电动机需要太阳电池组。

4.10.1 太阳能电动机的基本用法

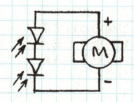

一个太阳电池产生的电流足以驱动大多数的小型直流电动机。如果需要更大的电压，就需要串联太阳电池。

4.10.2　大功率太阳能电动机

一个太阳电池组能在晴朗的夏天驱动一个电动机，但是无法在冬天提供足够的能量。这个电路的特点是，两个串联的太阳电池组并联起来作为一个太阳电池组，这样就可以提供双倍的电流。如果使用完全相同的0.5V太阳电池，每个电池在晴朗的夏天能产生50mA的电流，那么这个太阳电池组将提供6V的电压和100mA的电流。

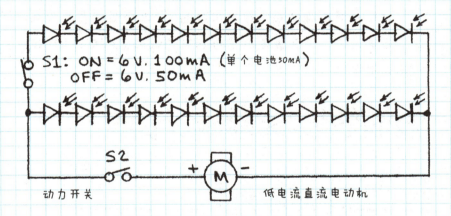

S1: ON = 6V, 100mA（单个电池50mA）
    OFF = 6V, 50mA

S2

动力开关　　　　　　　　　　低电流直流电动机

4.10.3　可逆太阳能电动机

可逆太阳能电动机被应用在机器人技术中，它能跟踪太阳。下图旋转的电动机受两组被照射的太阳电池组的控制。当两组太阳电池组都被照射，电动机将不旋转。

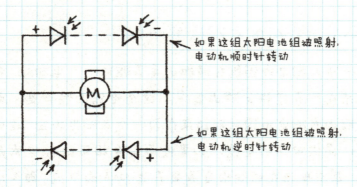

如果这组太阳电池组被照射,
电动机顺时针转动

如果这组太阳电池组被照射,
电动机逆时针转动

4.10.4 含备用电池的太阳能电动机

太阳光直射即使被很短暂地打断,那也会减缓甚至中断太阳能电动机。一个蓄电池连接到电动机的太阳电池组,将提供备用能源。

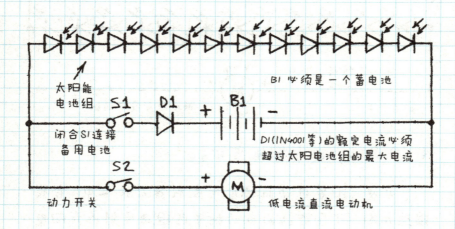

太阳能
电池组

S1

D1

+ B1 -

B1 必须是一个蓄电池

闭合S1连接
备用电池

D1(IN4001等)的额定电流必须
超过太阳电池组的最大电流

S2

+ M -

动力开关

低电流直流电动机

4.11 太阳光驱动电动机

太阳电池在机器人技术和控制工程中有很多应用。

这里展示的电路用阳光作为开关控制了一个小的直流电动机。有一些太阳电池十分敏感，能够作为手电筒或是激光笔的触发器。

4.11.1 功率场效应晶体管驱动（I）

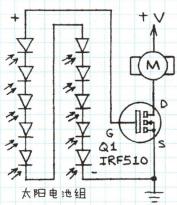

当IRF510功率MOSFET被太阳电池组产生的电压（约4V）激活，这个电路将驱动一个小的直流电动机工作。IRF510能驱动电动机并且消耗2A的电流。+V不应该超过电动机的额定电压。

太阳电池组

4.11.2 晶体管驱动

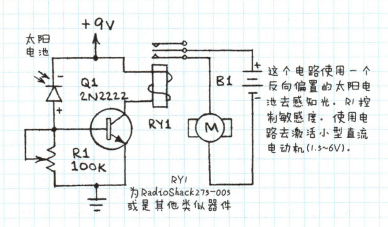

这个电路使用一个反向偏置的太阳电池去感知光。R1控制敏感度。使用电路去激活小型直流电动机(1.5~6V)。

RY1
为RadioShack275-005
或是其他类似器件

4.11.3　功率场效应晶体管驱动（2）

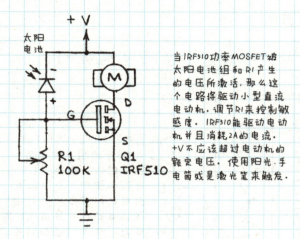

当IRF510功率MOSFET被太阳电池组和R1产生的电压所激活，那么这个电路将驱动小型直流电动机。调节R1来控制敏感度。IRF510能驱动电动机并且消耗2A的电流。+V不应该超过电动机的额定电压。使用阳光、手电筒或是激光笔来触发。

4.11.4　运算放大器－功率场效应晶体管驱动

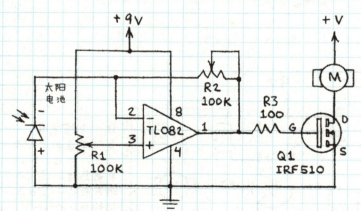

　　这个电路依旧用 IRF510 功率 MOSFET 来作为小型直流电动机的开关。TL082 运算放大器为电路提供了额外的灵活性。R1 控制开关的阈值，R2 控制增益。+V 不应该超过电动机的额定电压。

4.12 太阳电池测光

太阳电池的光电流与光照强度呈线性关系。这意味着太阳电池是优秀的测光传感器。下面列举的测光应用使用太阳电池和 RadioShack 的万用表制成。

4.12.1 测光（电压型）

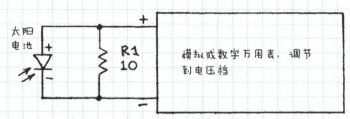

太阳电池产生的电压并不与光照强度呈线性关系。这种测量方法实际上是测量太阳电池产生的光电流（I_p），I_p 与光强是呈线性关系的。依据欧姆定律，流过电阻的电流等于 V/R。如果 R1 等于 10Ω，R1 两端的电压是 $0.42V$，那么 $I_p = 0.42/10 = 0.042A$（$42mA$）。

4.12.2 测光（电流型）

这种测量方法直接测量太阳电池产生的电流。

175

4.12.3 太阳电池辐射计

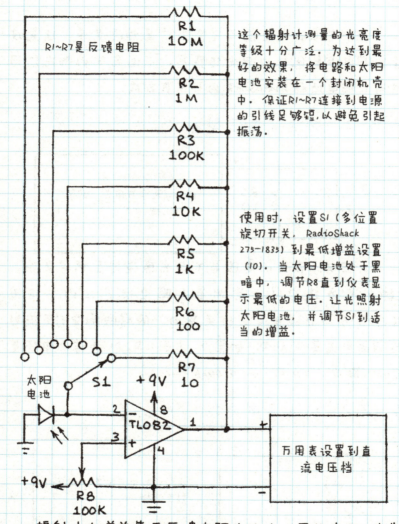

R1~R7是反馈电阻

R1 10M

R2 1M

R3 100K

R4 10K

R5 1K

R6 100

R7 10

太阳电池

S1

+9V

2

8

TL082

3

1

4

+9V

R8 100K

万用表设置到直流电压档

这个辐射计测量的光亮度等级十分广泛. 为达到最好的效果, 将电路和太阳电池安装在一个封闭机壳中. 保证R1~R7连接到电源的引线足够短,以避免引起振荡.

使用时, 设置S1 (多位置旋切开关, RadioShack 275-1835) 到最低增益设置 (10). 当太阳电池处于黑暗中, 调节R8直到仪表显示最低的电压. 让光照射太阳电池, 并调节S1到适当的增益.

辐射计的增益等于反馈电阻的大小. 因此当R4被选择, 辐射计读数是太阳电池光电流的 10000 倍.

4.13 太阳光驱动继电器

　　串联的硅太阳电池能驱动继电器. 太阳电池组必须提供足够的电压和电流使继电器运行. 这里列举的太阳电池组能够将7~9V 线圈的低电流继电器拉进电路.

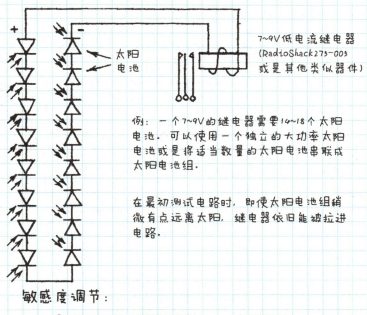

7~9V低电流继电器
(RadioShack275-005
或是其他类似器件)

例: 一个7~9V的继电器需要14~18个太阳电池. 可以使用一个独立的大功率太阳电池或是将适当数量的太阳电池串联成太阳电池组.

在最初测试电路时, 即使太阳电池组稍微有点远离太阳, 继电器依旧能被拉进电路.

敏感度调节:

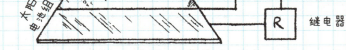

继电器

　　用一个不透明的遮蔽物遮盖太阳电池组的一部分以降低敏感度.

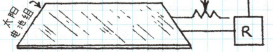

使用与太阳电池组额定功率一样的电位器.

4.14 光驱动继电器

　　当太阳电池被照亮，它会产生光电流。这里列举的电路放大了从一个太阳电池产生的电流，并使放大的电流驱动了一个继电器。这个电路用一个非常小的太阳电池并且能对微弱的光做出响应。

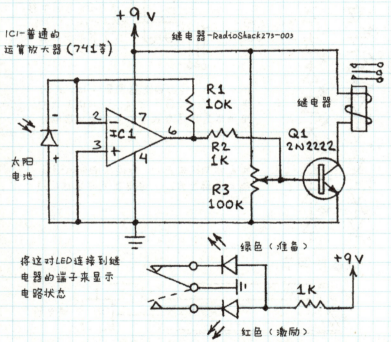

IC1-普通的运算放大器（741等）

继电器-RadioShack275-005

+9V

R1 10K
继电器
R2 1K
Q1 2N2222
R3 100K
太阳电池
IC1

将这对LED连接到继电器的端子来显示电路状态

绿色（准备）
红色（激励）
1K
+9V

　　在室内柔和的灯光下，调节 R3 直到红色 LED 刚好熄灭，绿色 LED 刚好亮起。手电筒的光线会触发电路，红色 LED 会亮起。电路会对 LED、火柴、蜡烛、日光和激光器做出响应。虽然电路能够对很多光源做出响应，但是也不要让电路去控制危险的物体（诸如大型机械装置）．

4.15　断束检测系统

断束检测系统用来探测诸如从传送带上的物品到烟雾中的顾客的一切事物．当光束中断时，该系统切换报警器或报警灯．这里列举了常见断束检测系统的构造：

在线模式

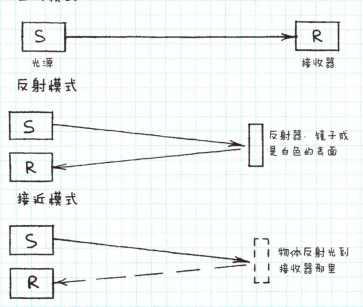

光源　　　　　　　　　　　　接收器

反射模式

反射器，镜子或是白色的表面

接近模式

物体反射光到接收器那里

断束检测系统的种类

静态——光源是一个发热灯，LED，或是日光．由于非常简单，静态系统会被光源所干涉．

脉冲——光源是脉冲 LED．太阳电池光传感器和接收器之间的电容能够阻塞外部光源的干涉．

4.15.1 静态断束检测系统

这个系统会在静态光束照到太阳电池时将继电器拉进电路并开启 LED.

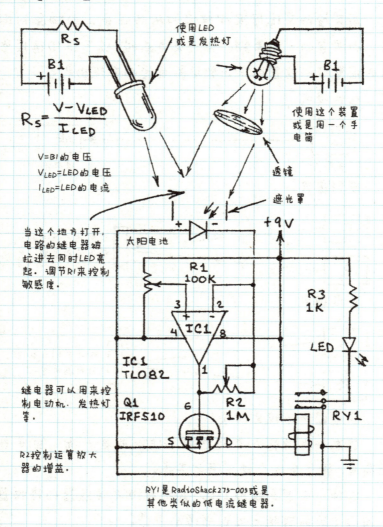

使用 LED 或是发热灯

$$R_s = \frac{V - V_{LED}}{I_{LED}}$$

V=B1的电压
V_{LED}=LED的电压
I_{LED}=LED的电流

当这个地方打开,电路的继电器被拉进去同时LED亮起. 调节R1来控制敏感度.

使用这个装置或是用一个手电筒

透镜

遮光罩

太阳电池

R1 100K

3 2
4 IC1 8
1

R3 1K

LED

IC1 TLO82

继电器可以用来控制电动机. 发热灯等.

Q1 IRF510

R2 1M

G
S D

RY1

R2控制运算放大器的增益.

RY1是 RadioShack 273-003或是其他类似的低电流继电器.

4.15.2 脉冲断束检测系统

脉冲断束检测系统通常来说可不受静态光源的干扰。这对于系统处于室内灯光或是阳光较弱的工作环境下工作是十分重要的。太阳电池作为脉冲断束检测系统的接收器将在下一页介绍。下面介绍的是 555 脉冲 LED 发射器，能够和这个接收器共同工作。

4.15.3 脉冲断束发射器

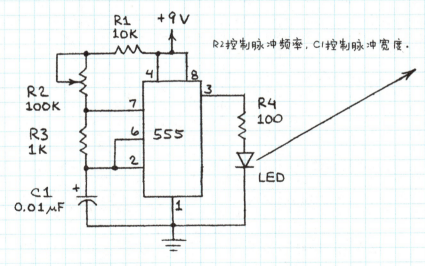

R2控制脉冲频率，C1控制脉冲宽度。

为达到最好的效果：

1. 使用红外或高亮的红色 LED.

2. 发射器和接收器分开供电.

3. 保证从 LED 发出的光束照射到太阳电池.

4.15.4 脉冲断束接收器

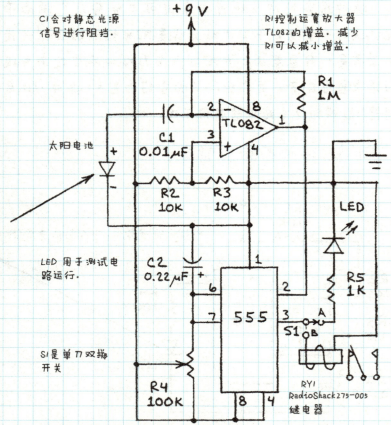

C1会对静态光源
信号进行阻挡.

R1控制运算放大器
TL082的增益. 减少
R1可以减小增益.

太阳电池

LED 用于测试电
路运行.

S1是单刀双掷
开关

操作时, S1 打到位置 A. 调节位于发射器中部的电阻
R2. 当 LED 中的光触发到太阳电池传感器时, 调节接收器
的 R4 直到接收器的 LED 亮起. 当发射器的 LED 远离太阳
电池传感器或是发射器的光线被阻挡时, 接收器的 LED 熄
灭. 开关 S1 打到位置 B, 接入继电器.

4.16   太阳能音调发生器

在这里和下一页讲到的电路动力来源是唯一的，都来自阳光或是发热灯的灯光。这里的电路大多数都会产生音调或是蜂鸣声。其中一种发生器产生的声音听起来像滴答滴答的闹钟声。

4.16.1   太阳能压电蜂鸣器

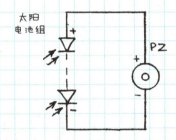

太阳电池组必须提供足够的电压来驱动压电蜂鸣器。任何压电蜂鸣器都可以被阳光驱动。

PZ是压电蜂鸣器。

4.16.2   太阳能双逻辑门振荡器

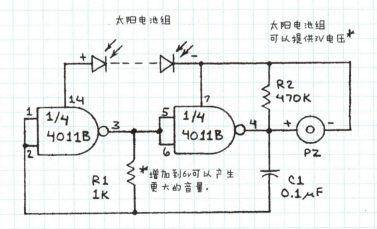

尝试调节 C1 和 R1 的值以改变频率.

4.16.3 太阳能 555 振荡器

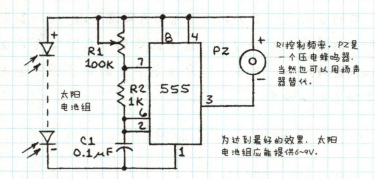

R1控制频率. PZ是一个压电蜂鸣器, 当然也可以用扬声器替代.

太阳电池组

为达到最好的效果, 太阳电池组应能提供6~9V.

4.16.4 太阳能发声器

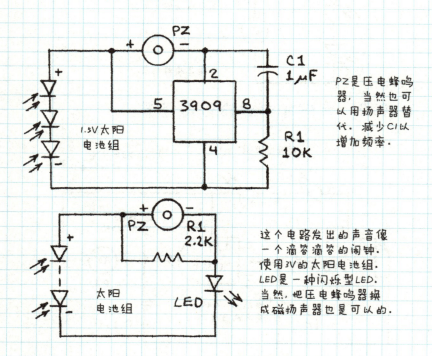

PZ是压电蜂鸣器, 当然也可以用扬声器替代. 减少C1以增加频率.

1.5V太阳电池组

这个电路发出的声音像一个滴答滴答的闹钟. 使用3V的太阳电池组. LED是一种闪烁型LED. 当然, 把压电蜂鸣器换成磁扬声器也是可以的.

太阳电池组

4.17   光控音调

硅太阳电池能应用在许多音调发生器中．它能对日光和人造光做出响应．

4.17.1   光控 555 振荡器

通过在不同的点连接一个硅太阳电池，555 振荡器发出的频率和音量可以被很容易地修改．

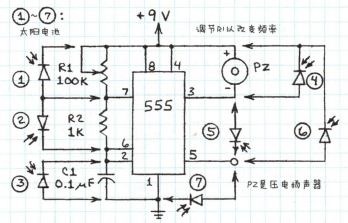

① 太阳电池连接到这里，增加光强将提升音调频率．

② 太阳电池连接到这里，增加光强将降低压电扬声器的音量．

③ 光线触发这里的太阳电池，将减少输出频率或是完全切断音调．

④ 光线触发这里的太阳电池，将降低压电扬声器的

音量或是切断音调.

⑤ 光线触发这里的太阳电池,将切断音调或是发出啾啾声.

⑥ 光线触发这里的太阳电池,将降低音调频率.

⑦ 太阳电池安在这里,增加光强将增加音调频率.

一个有趣的电路是将 C1 去掉,换为一个太阳电池. 当太阳电池具有电容,电路将发生振荡. 太阳电池上的光照将改变音调频率或是完全切断音调. 在这里太阳电池的方向与③号方向一致.

4.17.2 高增益光控音调电路

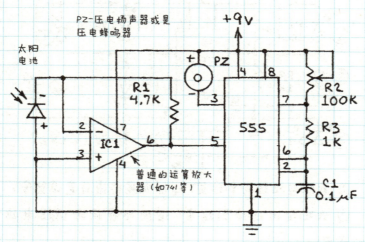

当这个电路的太阳电池所受的光强增加,电路产生的音调频率会下降. 在工作时,太阳电池产生的光电流被运算放大器 IC1 放大并转化为电压. 这个电压之后被放大并控制 555 模块连接成的振荡器. 当太阳电池处于黑暗中,调

节 R2 直至期望的音调出现。之后照亮太阳电池。你能通过使用手电筒灯光来获得这独一无二的效果。

4.18 红外遥控测试仪

近红外发射二极管被用在电视遥控器、VCD 机和其他设备中。它们也用于从不同的计算机发射出信号。这里列举的电路说明了近红外发射器的工作。

4.18.1 压电与磁传感器测试仪

压电测试仪

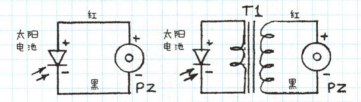

PZ 是任意一种压电扬声器或是耳机(不要用压电蜂鸣器)。右侧电路的 T1 是任何一种微型音频输出变压器。右侧电路能提供比左侧电路大得多的声音。测试红外遥控发射器可将红外遥控发射器指向太阳电池,如果红外遥控发射器工作,那么可以听到电路发出声音。

磁传感器测试仪

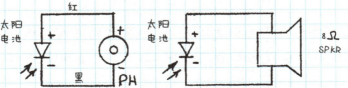

PH 是微型电磁式耳机. 对两个电路用红外遥控发射器指向太阳电池, 则两个电路都可以听到发出的声音. 使用太阳电池组则可以提高音量.

4.18.2 晶体管遥控测试仪

PZ 是任意一种压电扬声器或是耳机(不要用压电蜂鸣器). 将红外遥控指向太阳电池, PZ 会发出声响. 证明遥控和电路工作.

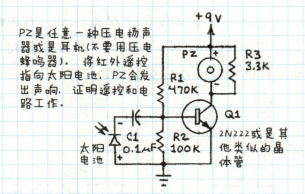

4.18.3 运算放大器遥控测试仪

PZ 是任意一种压电扬声器(不要使用压电蜂鸣器).

IC1-普通的运算放大器(741等)

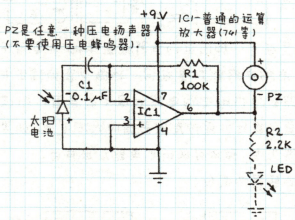

将红外遥控指向太阳电池, 如果红外遥控工作的话, 压电扬声器会发出声音. 增加 R2, LED 会有可见的输出.

当红外遥控不再指向太阳电池时，LED 会闪烁。

4.19 太阳能夜灯电路设计

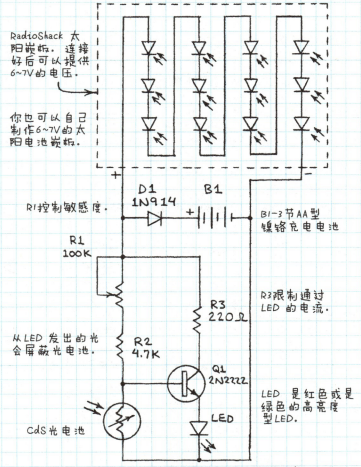

RadioShack 太阳嵌板。连接好后可以提供 6~7V 的电压。

你也可以自己制作 6~7V 的太阳电池嵌板。

R1控制敏感度。

D1 1N914

B1

B1-3节 AA型镍铬充电电池

R1 100K

R3限制通过 LED 的电流。

从 LED 发出的光会屏蔽光电池。

R2 4.7K

R3 220Ω

Q1 2N2222

LED 是红色或是绿色的高亮度型 LED。

CdS光电池

LED

在白天有日光的几小时里，太阳电池嵌板为 B1 充电。到了晚上，Q1 开启并放大流向 LED 的电流。

电路符号对照表

名 称	电阻	电位器	电容	电解电容
本书符号				
标准符号				

名 称	二极管	齐纳二极管	PNP 型晶体管	NPN 型晶体管
本书符号				
标准符号				

名 称	LED	光敏二极管	光敏电阻	光敏晶体管
本书符号				
标准符号				

（续）

名　　称	开关	单刀双掷开关	常开按钮	常闭按钮
本书符号				
标准符号				

名　　称	继电器	变压器	扬声器	压电蜂鸣器
本书符号				
标准符号				

名　　称	灯	电池		
本书符号				
标准符号				

北京市版权局著作权合同登记 图字：01-2017-8458 号。

图书在版编目（CIP）数据

手绘揭秘通信电路和传感器电路/(美) 弗雷斯特·M. 米姆斯三世 (Forrest
M. Mims Ⅲ) 著; 侯立刚译 .—北京: 机械工业出版社, 2019.3 （2023.5 重印）
（电子工程师成长笔记）
书名原文: Electronic Sensor Circuits & Projects
ISBN 978-7-111-62029-7

Ⅰ.①手… Ⅱ.①弗…②侯… Ⅲ.①通信系统 – 电子电路 – 普及读物
②传感器 – 电子电路 – 普及读物 Ⅳ.①TN91-49②TP212-49

中国版本图书馆 CIP 数据核字 (2019) 第 028824 号

机械工业出版社 （北京市百万庄大街 22 号 邮政编码 100037）
策划编辑：任 鑫 责任编辑：闫洪庆
责任校对：李 杉 封面设计：马精明
责任印制：常天培
北京机工印刷厂有限公司印刷
2023 年 5 月第 1 版第 2 次印刷
147mm × 210mm · 6.5 印张 · 118 千字
标准书号：ISBN 978-7-111-62029-7
定价：39.00 元

凡购本书，如有缺页、倒页、脱页，由本社发行部调换
电话服务 网络服务
服务咨询热线：010-88361066 机 工 官 网：www. cmpbook. com
读者购书热线：010-68326294 机 工 官 博：weibo. com/cmp1952
金 书 网：www. golden-book. com
封面无防伪标均为盗版 教育服务网：www. cmpedu. com